FY NODIADAU ADOLYGU

CBAC

U2

BIOLEG

Dan Foulder

 Boost

 HODDER EDUCATION
AN HACHETTE UK COMPANY

Fy Nodiadau Adolygu: CBAC U2 Bioleg

Addasiad Cymraeg o *My Revision Notes: WJEC/Eduqas A2/A-level Year 2 Biology* a gyhoeddwyd yn 2021 gan Hodder Education

Ariennir yn Rhannol gan
Lywodraeth Cymru
Part Funded by
Welsh Government

Cyhoeddwyd dan nawdd Cynllun Adnoddau Addysgu a Dysgu CBAC

Archebion: cysylltwch â Hachette UK Distribution, Hely Hutchinson Centre, Milton Road, Didcot, Oxfordshire, OX11 7HH. Ffôn: +44 (0)1235 827827. E-bost: education@hachette.co.uk. Mae'r llinellau ar agor rhwng 9.00 a 17.00 o ddydd Llun i ddydd Gwener. Gallwch hefyd archebu trwy wefan Hodder Education: www.hoddereducation.co.uk.

ISBN 978 1 3983 8607 5

Cyhoeddwyd gyntaf yn 2021 gan Hodder Education, an Hachette UK Company, Carmelite House, 50 Victoria Embankment, London, EC4Y 0DZ

Llun y clawr © Eric Isselée – stock.adobe.com; t. 51 Kateryna Kon/stock.adobe.com

Teiposodwyd gan Aptara, Inc.

Argraffwyd yn y DU gan CPI Group (UK)

Mae cofnod catalog y teitl hwn ar gael gan y Llyfrgell Brydeinig.

MIX
Paper | Supporting responsible forestry
FSC™ C104740
FSC
www.fsc.org

Gwneud y gorau o'r llyfr hwn

Mae'n rhaid i bawb benderfynu ar ei strategaeth adolygu ei hun, ond mae'n hanfodol edrych eto ar eich gwaith, ei ddysgu a phrofi eich dealltwriaeth. Bydd y Nodiadau Adolygu hyn yn eich helpu chi i wneud hynny mewn ffordd drefnus, fesul testun. Defnyddiwch y llyfr hwn fel sail i'ch gwaith adolygu – gallwch chi ysgrifennu arno i bersonoli eich nodiadau a gwirio eich cynnydd drwy roi tic yn ymyl pob adran wrth i chi adolygu.

Ticio i dracio eich cynnydd

Defnyddiwch y rhestr wirio adolygu ar dudalennau 4–6 i gynllunio eich adolygu, fesul testun. Ticiwch bob blwch pan fyddwch chi wedi:

✛ adolygu a deall testun
✛ profi eich hun
✛ ymarfer y cwestiynau enghreifftiol a mynd i'r wefan i wirio eich atebion

Gallwch chi hefyd gadw trefn ar eich adolygu drwy roi tic wrth ymyl pennawd pob testun yn y llyfr. Efallai y bydd yn ddefnyddiol i chi wneud eich nodiadau eich hun wrth i chi weithio drwy bob testun.

Nodweddion i'ch helpu chi i lwyddo

Cyngor

Rydyn ni'n rhoi cyngor gan arbenigwyr drwy'r llyfr cyfan i'ch helpu chi i wella eich techneg arholiad er mwyn rhoi'r cyfle gorau posibl i chi yn yr arholiad.

Sgiliau ymarferol

Mae'r rhain yn annog ymagwedd ymchwiliol at y gwaith ymarferol sy'n ofynnol ar gyfer eich cwrs.

Profi eich hun

Cwestiynau byr yw'r rhain sy'n gofyn am wybodaeth, a dyma'r cam cyntaf i chi brofi faint rydych chi wedi'i ddysgu.

Diffiniadau a thermau allweddol

Rydyn ni'n rhoi diffiniadau clir a chryno o dermau allweddol hanfodol pan fyddan nhw'n ymddangos am y tro cyntaf.

Cysylltiadau

Mae'r rhain yn nodi cysylltiadau penodol rhwng testunau ac yn dweud wrthych chi sut bydd adolygu'r rhain yn eich helpu chi i ateb cwestiynau'r arholiad.

Sgiliau mathemategol

Bydd yr enghreifftiau wedi'u datrys a'r cwestiynau ymarfer yn eich helpu chi i ddatblygu eich hyder a'ch gallu.

Gweithgareddau adolygu

Bydd y gweithgareddau hyn yn eich helpu chi i ddeall pob testun mewn ffordd ryngweithiol.

Cwestiynau enghreifftiol

Rydyn ni'n rhoi cwestiynau enghreifftiol ar gyfer pob testun. Defnyddiwch nhw i atgyfnerthu eich adolygu ac i ymarfer eich sgiliau arholiad.

Crynodebau

Mae'r crynodebau yn rhoi rhestr o bwyntiau bwled i'w gwirio'n gyflym ar gyfer pob testun.

Gwefan

Ewch i'r wefan ganlynol i wirio eich atebion i'r cwestiynau 'Profi eich hun', y cwestiynau ymarfer a'r cwestiynau enghreifftiol: **www.hoddereducation.co.uk/fynodiadauadolygu**

Fy rhestr wirio adolygu

Y cyfnod cyn yr arholiadau

Cynllun yr arholiad

Uned 3 Egni, homeostasis a'r amgylchedd

	ADOLYGU	PROFI	YN BAROD AM YR ARHOLIAD
1 Pwysigrwydd ATP			
9 Mae ATP yn cael ei syntheseiddio mewn cloroplastau ac mewn mitocondria	○	○	○
2 Mae ffotosynthesis yn defnyddio egni golau i syntheseiddio moleciwlau organig			
11 Mae dail angiosberm wedi addasu i ddal golau ar gyfer ffotosynthesis	○	○	○
14 Mae gan y bilen thylacoid ddwy wahanol ffotosystem	○	○	○
17 Y ffactor mwyaf prin sy'n cyfyngu ar ffotosynthesis	○	○	○
3 Mae resbiradaeth yn rhyddhau egni cemegol mewn prosesau biolegol			
19 Cyfres o adweithiau sy'n cael eu catalyddu gan ensymau yw resbiradaeth	○	○	○
21 Mae NAD wedi'i rydwytho ac FAD wedi'i rydwytho yn cael eu hocsidio yn y gadwyn trosglwyddo electronau	○	○	○
4 Microbioleg			
26 Mae micro-organebau yn cynnwys bacteria a rhywogaethau ffyngau a Protoctista	○	○	○
28 Mae angen amodau addas i dyfu micro-organebau yn y labordy	○	○	○
5 Maint poblogaeth ac ecosystemau			
32 Mae ecosystemau'n ddynamig ac felly'n gallu newid	○	○	○
35 Mae ecosystemau'n cynnwys organebau a'u hamgylcheddau	○	○	○
36 Mae cymunedau'n newid dros amser	○	○	○
37 Mae maetholion yn cael eu hailgylchu	○	○	○
6 Effaith dyn ar yr amgylchedd			
41 Gall rhywogaethau fod mewn perygl am lawer o resymau	○	○	○
41 Gallwn ni warchod cyfansymiau genynnol yn y gwyllt ac mewn caethiwed	○	○	○
43 Mae ffiniau'r blaned yn diffinio man gweithredu diogel ar gyfer dynoliaeth	○	○	○
7 Homeostasis a'r aren			
45 Mae'r corff yn defnyddio homeostasis i gynnal amgylchedd mewnol cyson	○	○	○
45 Mae'r aren yn rhan o'r system ysgarthu ddynol	○	○	○
50 Hormon gwrthddiwretig sy'n rheoli potensial dŵr yn y gwaed	○	○	○
51 Mae methiant yr arennau'n gallu achosi i gynhyrchion gwastraff gronni	○	○	○
52 Mae anifeiliaid yn rhyddhau gwastraff nitrogenaidd ar wahanol ffurfiau	○	○	○

Gallwch chi wirio eich atebion yma: **www.hoddereducation.co.uk/fynodiadauadolygu**

	ADOLYGU	PROFI	YN BAROD AM YR ARHOLIAD

Atebion:

www.hoddereducation.co.uk/fynodiadauadolygu

Gallwch chi wirio eich atebion yma: **www.hoddereducation.co.uk/fynodiadauadolygu**

Y cyfnod cyn yr arholiadau

6–8 wythnos i fynd

+ Dechreuwch drwy edrych ar y fanyleb – gwnewch yn siŵr eich bod chi'n gwybod yn union pa ddeunydd y mae angen i chi ei adolygu a beth yw arddull yr arholiad. Defnyddiwch y rhestr wirio adolygu ar dudalennau 4–6 i ddod yn gyfarwydd â'r testunau.

+ Trefnwch eich nodiadau, gan wneud yn siŵr eich bod chi wedi cynnwys popeth sydd ar y fanyleb. Bydd y rhestr wirio adolygu yn eich helpu chi i grwpio eich nodiadau fesul testun.

+ Lluniwch gynllun adolygu realistig a fydd yn caniatáu amser i chi i ymlacio. Dewiswch ddyddiau ac amseroedd ar gyfer pob pwnc y mae angen i chi ei astudio, a chadwch at eich amserlen.

+ Gosodwch dargedau call i chi eich hun. Rhannwch eich amser adolygu yn sesiynau dwys o tua 40 munud, gydag egwyl ar ôl pob sesiwn. Mae'r Nodiadau Adolygu hyn yn trefnu'r ffeithiau sylfaenol yn adrannau byr, cofiadwy er mwyn gwneud adolygu'n haws.

ADOLYGU ○

2–6 wythnos i fynd

+ Darllenwch drwy rannau perthnasol y llyfr hwn a chyfeiriwch at y Cyngor, y Crynodebau a'r termau allweddol. Ticiwch y testunau pan fyddwch chi'n teimlo'n hyderus yn eu cylch. Amlygwch y testunau hynny sy'n anodd i chi ac edrychwch arnyn nhw'n fanwl eto.

+ Profwch eich dealltwriaeth o bob testun drwy weithio drwy'r cwestiynau 'Profi eich hun' yn y llyfr. Mae'r atebion ar gael ar y wefan: **www.hoddereducation. co.uk/fynodiadauadolygu**

+ Gwnewch nodyn o unrhyw faes sy'n achosi problem wrth i chi adolygu, a gofynnwch i'ch athro roi sylw i'r rhain yn y dosbarth.

+ Edrychwch ar gyn-bapurau. Dyma un o'r ffyrdd gorau i chi adolygu ac ymarfer eich sgiliau arholiad. Ysgrifennwch neu paratowch gynlluniau o atebion i'r cwestiynau enghreifftiol sydd yn y llyfr hwn. Gwiriwch eich atebion ar y wefan:**www.hoddereducation. co.uk/fynodiadauadolygu**

+ Rhowch gynnig ar ddulliau adolygu gwahanol. Defnyddiwch y gweithgareddau adolygu i roi cynnig ar wahanol ddulliau adolygu. Er enghraifft, gallwch chi wneud nodiadau gan ddefnyddio mapiau meddwl, diagramau corryn neu gardiau fflach.

+ Defnyddiwch y rhestr wirio adolygu i dracio eich cynnydd a rhowch wobr i'ch hun ar ôl cyflawni eich targed.

ADOLYGU ○

Wythnos i fynd

+ Ceisiwch gael amser i ymarfer cyn-bapur cyfan wedi'i amseru, o leiaf unwaith eto a gofynnwch i'ch athro am adborth. Cymharwch eich gwaith yn fanwl â'r cynllun marcio.

+ Gwiriwch y rhestr wirio adolygu i wneud yn siŵr nad ydych chi wedi gadael unrhyw destunau allan. Ewch dros unrhyw feysydd sy'n anodd i chi drwy eu trafod gyda ffrind neu gael help gan eich athro.

+ Dylech chi fynd i unrhyw ddosbarthiadau adolygu y mae eich athro yn eu cynnal. Cofiwch, mae eich athro yn arbenigwr ar baratoi pobl ar gyfer arholiadau.

ADOLYGU ○

Y diwrnod cyn yr arholiad

+ Ewch drwy'r Nodiadau Adolygu hyn yn gyflym i'ch atgoffa eich hun o bethau defnyddiol, er enghraifft y blychau Cyngor, y Crynodebau a'r Termau allweddol.

+ Gwiriwch amser a lleoliad eich arholiad.

+ Gwnewch yn siŵr bod gennych chi bopeth sydd ei angen – beiros a phensiliau ychwanegol, hancesi papur, oriawr, potel o ddŵr, losin.

+ Cofiwch adael rhywfaint o amser i ymlacio ac ewch i'r gwely'n gynnar i sicrhau eich bod chi'n ffres ac yn effro ar gyfer yr arholiadau.

ADOLYGU ○

Fy arholiadau

Bioleg U2 Papur 1

Dyddiad:..

Amser:..

Lleoliad:..

Bioleg U2 Papur 2

Dyddiad:..

Amser:..

Lleoliad:..

Bioleg U2 Papur 3

Dyddiad:..

Amser:..

Lleoliad:..

Cynllun yr arholiad

Mae'r llyfr hwn yn rhoi sylw i gymhwyster Bioleg U2 CBAC.

Manylion asesu

CBAC

U2

Mae Unedau 3 a 4 U2 yn cael eu hasesu mewn papurau arholiad ysgrifenedig. Mae pob un yn para 2 awr ac yn werth 90 marc. Mae pob uned yn cyfrannu 25% o gyfanswm y marciau Safon Uwch. Mae arholiad Uned 3 yn cynnwys amrywiaeth o gwestiynau strwythuredig byr a hirach ac un ymateb estynedig. Mae Uned 4 yn cynnwys dwy adran: mae Adran A hefyd yn cynnwys amrywiaeth o gwestiynau strwythuredig byr a hirach ac un ymateb estynedig; ac yn Adran B bydd rhaid i chi ddewis un o dri opsiwn – Imiwnoleg a chlefydau, Anatomi cyhyrsgerbydol dynol neu Niwrofioleg ac ymddygiad. Bydd hwn yn gwestiwn strwythuredig.

Mae Uned 5 yn cynnwys tasg arbrofol (gwerth 20 marc) a thasg dadansoddi ymarferol (gwerth 30 marc). Mae'r uned hon yn werth 10% o gyfanswm y marciau Safon Uwch.

Trosolwg

Mae cysyniadau Uned 1 yn sylfaenol ac yn tanategu holl gwrs Safon Uwch bioleg. Mae'n bosibl y caiff eich dealltwriaeth o rai o'r egwyddorion yn Uned 1 eu harchwilio eto mewn unedau diweddarach.

Mae'r cwrs bioleg Safon Uwch yn fwy heriol nag UG. Mae angen i chi ddatblygu dealltwriaeth ddyfnach o gysyniadau biolegol a dangos gwell gallu i gymhwyso eich gwybodaeth a'ch dealltwriaeth ynglŷn â bioleg. Mae gan y cwrs Safon Uwch elfen synoptig fwy hefyd – mae angen i chi ddechrau dod â'r testunau rydych chi wedi'u hastudio hyd yn hyn at ei gilydd, a cheisio gweld y cysylltiadau rhyngddyn nhw.

Mae pob testun yn cynnwys gwaith ymarferol penodol y mae'n rhaid i chi ei gwblhau ac y gellid gofyn cwestiynau amdano yn yr arholiad. Mae hyn yn aml yn rhoi cyfleoedd i arholwyr i asesu eich sgiliau mathemategol yn ogystal â'ch sgiliau ymarferol. Er enghraifft, wrth astudio agweddau ar ffisioleg mamolion, fel yr aren a'r system nerfol, efallai y byddwch chi'n arsylwi sleidiau microsgop o wahanol feinweoedd ac organau. Gall arholwyr ddefnyddio ffotomicrograffau neu luniadau o'r meinweoedd a'r organau hyn a gofyn cwestiynau am swyddogaethau'r ffurfiadau sydd i'w gweld. Gallan nhw hefyd ofyn i chi gyfrifo maint gwirioneddol ffurfiadau yn y ddelwedd, neu gyfrifo chwyddhad y ddelwedd; dylech chi fod wedi gwneud y ddau o'r rhain yn ystod eich blwyddyn gyntaf yn astudio Safon Uwch.

1 Pwysigrwydd ATP

Mae ATP yn cael ei syntheseiddio mewn cloroplastau ac mewn mitocondria

Mae gronynnau coesog gan bilenni mewnol cloroplastau a mitocondria sy'n cynnwys yr ensym ATP synthas. Pan mae protonau (H+) yn llifo drwy'r ensym hwn, mae ATP yn cael ei syntheseiddio o ADP a Pi. Mae protonau'n llifo i lawr eu graddiant crynodiad. Rydyn ni'n galw'r graddiant crynodiad hwn yn raddiant electrocemegol, ac enw'r broses yw cemiosmosis.

> **ATP synthas** Ensym sy'n syntheseiddio ATP o ADP + Pi.
>
> **Cemiosmosis** Symudiad ïonau ar draws pilen ledathraidd i lawr graddiant electrocemegol.

Cysylltiadau

Gan fod gwefr ar brotonau, dydyn nhw ddim yn gallu mynd drwy gynffonnau hydroffobig haen ddeuol y ffosffolipid.

Mae'r graddiant electrocemegol yn cael ei gynnal gan bympiau protonau ar y pilenni mewnol. Mae'r pympiau protonau'n cael eu pweru gan electronau egni uchel, sy'n cael eu pasio ar hyd cadwyn trosglwyddo electronau. Mae'r gadwyn trosglwyddo electronau wedi'i gwneud o drefniant o bympiau electronau a phrotonau bob yn ail.

Mewn mitocondria, mae ATP synthas i'w gael ar bilen fewnol y mitocondrion

 ADOLYGU

Yn y mitocondria, caiff protonau eu pwmpio o'r matrics i mewn i'r gofod rhyngbilennol, gan gynnal crynodiad uchel yno. Yna, maen nhw'n llifo i lawr eu graddiant crynodiad i mewn i'r matrics, lle mae crynodiad y protonau'n is, drwy sianeli ATP synthas, gan gynhyrchu ATP.

Mewn cloroplastau, mae ATP synthas i'w gael ar y bilen thylacoid

ADOLYGU

Mewn cloroplastau, caiff protonau eu pwmpio o'r stroma i mewn i'r gofod thylacoid, gan gynnal graddiant crynodiad uchel yno. Yna, maen nhw'n llifo i lawr eu graddiant crynodiad i mewn i'r stroma, lle mae crynodiad y protonau'n is, drwy sianeli ATP synthas, gan gynhyrchu ATP.

Gweithgaredd adolygu

Crëwch ddiagram Venn i ddangos sut mae synthesis ATP yn debyg ac yn wahanol mewn mitocondria a chloroplastau.

Sgiliau ymarferol

Ymchwiliad i actifedd dadhydrogenas

Yn y dasg ymarferol hon, byddwch chi'n defnyddio methylen glas fel derbynnydd hydrogen artiffisial. Pan mae methylen glas yn derbyn hydrogen, mae'n cael ei rydwytho ac yn newid lliw o las i ddi-liw. Mae'r methylen glas yn derbyn hydrogen o adweithiau dadhydrogenas yn ystod resbiradaeth; y cyflymaf yw cyfradd resbiradaeth, y cyflymaf bydd y methylen glas yn cael ei rydwytho ac yn colli ei liw.

✚ Rhowch 10 cm³ o ddaliant burum mewn tiwb profi.
✚ Rhowch y tiwb profi mewn baddon dŵr i ecwilibreiddio ar 30°C.
✚ Ychwanegwch 1 cm³ o fethylen glas at y tiwb profi.

✚ Cymysgwch drwy droi'r tiwb profi a'i ben i lawr unwaith a dechrau'r stopwatsh.
✚ Rhowch y tiwb profi yn ôl yn y baddon dŵr i gadw'r cynnwys ar 30°C.
✚ Amserwch pa mor hir mae'r dangosydd yn ei gymryd i newid lliw o las yn ôl i liw gwreiddiol y daliant burum.

Cwestiynau ymarfer

1 Esboniwch bwysigrwydd gadael i'r tiwb profi ecwilibreiddio ar 30°C.

2 Mae adweithiau dadhydrogenas hefyd yn digwydd yn ystod ffotosynthesis. Esboniwch pam na fyddai'r adweithiau hyn yn effeithio ar yr ymchwiliad penodol hwn.

Profi eich hun

1 Beth sy'n pweru'r pympiau protonau yn y gadwyn trosglwyddo electronau?
2 Pa adwaith sy'n cael ei gatalyddu gan ATP synthas?
3 Ym mha ran o'r cloroplast mae crynodiad uchel o brotonau?
4 Ble mae gronynnau coesog i'w cael yn y mitocondria?

Crynodeb

Dylech chi allu:
✚ Disgrifio synthesis ATP fel llif o brotonau drwy'r ensym ATP synthas, proses cemiosmosis a'r graddiant electrocemegol.
✚ Nodi'r tebygrwydd rhwng swyddogaeth pilen y mitocondrion a philen y cloroplast o ran darparu graddiant protonau ar gyfer synthesis ATP.

✚ Esbonio sut mae'r graddiant protonau'n cael ei gynnal gan bympiau protonau sy'n cael eu gyrru gan egni potensial sy'n gysylltiedig ag electronau cynhyrfol.
✚ Disgrifio'r gadwyn trosglwyddo electronau fel trefniant o bympiau a chludyddion electronau bob yn ail.

Cwestiynau enghreifftiol

1 Mae mitocondria rhai celloedd planhigyn yn cael eu hastudio.

a Mae gwerthoedd pH y gwahanol rannau o'r mitocondria yn cael eu hastudio. Awgrymwch pa ran fyddai'n debygol o fod â'r pH isaf. Esboniwch eich ateb. [2]

Wrth i'r celloedd planhigyn heneiddio, gwelwyd bod arwynebedd arwyneb cristâu'r mitocondria yn lleihau wrth i'r cristâu encilio.

b Awgrymwch sut byddai hyn yn effeithio ar y gell. [4]

Mae gan y cloroplastau yn y celloedd ofod rhyngbilennol hefyd rhwng y pilenni allanol a mewnol. Mae dadansoddiad yn dangos nad oes gronynnau coesog yn y bilen fewnol.

c Esboniwch yr arsylw hwn. [2]

2 Mae ffotosynthesis yn defnyddio egni golau i syntheseiddio moleciwlau organig

Mae dail angiosberm wedi addasu i ddal golau ar gyfer ffotosynthesis

Organau yw dail sydd wedi addasu mewn nifer o ffyrdd er mwyn amsugno cymaint â phosibl o olau (Tabl 2.1).

Tabl 2.1 Addasiadau dail ar gyfer ffotosynthesis

Addasiad	Effaith
Mae'r cwtigl a'r epidermis yn dryloyw	Mae'n gadael i olau fynd drwyddo i'r feinwe mesoffyl ffotosynthetig
Mae gan gelloedd mesoffyl palis lawer o gloroplastau, sy'n gallu symud o fewn y celloedd	Amsugno cymaint â phosibl o olau ar gyfer ffotosynthesis
Sylem wedi'i ddatblygu'n dda	Darparu dŵr – un o adweithyddion ffotosynthesis
Ffloem wedi'i ddatblygu'n dda	Cludo cynhyrchion ffotosynthesis

Cysylltiadau

Mae addasiadau'r ddeilen ar gyfer ffotosynthesis hefyd yn cael sylw yn y gwaith UG ar gyfnewid nwyon. Cymerwch y cyfle hwn i adolygu'r adran hon, oherwydd mae addasiadau'r ddeilen i gyfnewid nwyon yn bwysig i ddarparu carbon deuocsid i'r ddeilen allu cyflawni ffotosynthesis.

Yn ystod ffotosynthesis, mae cloroplastau'n gweithredu fel trawsddygiaduron

ADOLYGU

Mae cloroplastau'n trawsnewid yr egni o ffotonau golau yn egni cemegol ar ffurf ATP. Mae ffotosynthesis yn digwydd yng nghloroplastau celloedd planhigion ar y bilen thylacoid, ac yn y gofod thylacoid a'r stroma (Ffigur 2.1).

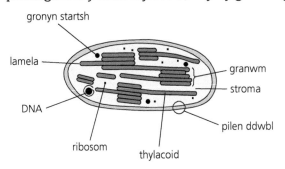

gronyn startsh
lamela
DNA
ribosom
thylacoid
granwm
stroma
pilen ddwbl

Ffigur 2.1 Adeiledd cloroplast

Mae cloroplastau'n cynnwys nifer o wahanol bigmentau ffotosynthetig

ADOLYGU

Mae pigmentau ffotosynthetig yn amsugno egni golau, sydd yna'n cael ei ddefnyddio mewn ffotosynthesis. Mae gwahanol bigmentau'n amsugno ffotonau ar wahanol donfeddi golau.

+ Cloroffyl-a yw'r prif bigment ac mae wedi'i leoli yng nghanolfan adweithio ffotosystem (Ffigur 2.2).

Pigmentau ffotosynthetig
Moleciwlau sy'n amsugno egni golau i'w ddefnyddio mewn ffotosynthesis.

11

➕ Mae'r pigmentau atodol, fel cloroffyl-b, caroten a santhoffyl, yn y cymhlygyn antena. Mae'r rhain yn amsugno egni golau ac yn ei drosglwyddo i'r cloroffyl-a yn y ganolfan adweithio. Enw'r broses hon yw cynaeafu golau.

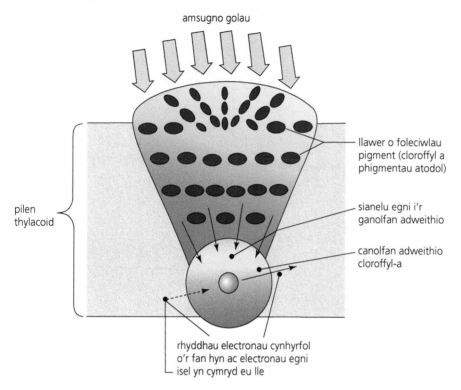

Ffigur 2.2 Adeiledd y ffotosystemau ym mhilenni cloroplastau

Mae Ffigur 2.3(a) yn dangos sut mae gwahanol bigmentau'n amsugno golau ar wahanol donfeddi golau. Dyma'r sbectrwm amsugno. Fel y gwelwch chi, mae mwy o olau'n cael ei amsugno ym mhen coch a phen glas y sbectrwm, a does dim llawer yn cael ei amsugno ar donfeddi golau gwyrdd. Mae hyn yn dangos bod y cloroplastau'n amsugno golau coch a golau glas ac yn adlewyrchu golau gwyrdd.

Mae'r sbectrwm gweithredu yn Ffigur 2.3(b) yn dangos cyfradd ffotosynthesis ar wahanol donfeddi golau. Eto, gallwch chi weld bod cyfraddau uchaf ffotosynthesis yn digwydd ym mhen coch a phen glas y sbectrwm, ac mai ychydig iawn o ffotosynthesis sy'n digwydd yn rhan werdd y sbectrwm. Mae hyn yn dangos mai'r golau y mae'r pigmentau ffotosynthetig yn ei amsugno yw'r golau sy'n cael ei ddefnyddio yn adweithiau biocemegol ffotosynthesis.

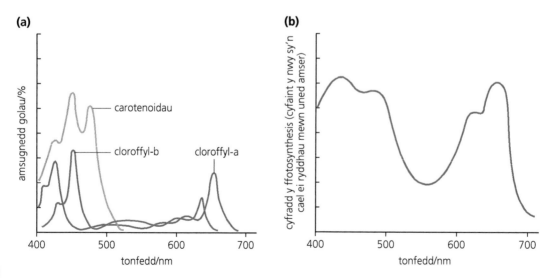

Ffigur 2.3 (a) Sbectra amsugno (b) sbectrwm gweithredu

Gallwch chi wirio eich atebion yma: **www.hoddereducation.co.uk/fynodiadauadolygu**

Sgiliau ymarferol

Ymchwiliad i wahanu pigmentau cloroplast drwy gromatograffaeth

Gallwn ni ddefnyddio cromatograffaeth i wahanu pigmentau ffotosynthetig (Ffigur 2.4). Mae'r dechneg hon yn dibynnu ar y ffaith bod gan wahanol bigmentau wahanol hydoddeddau. Mae hyn yn caniatáu i ni gyfrifo gwerthoedd Rf penodol, ac yna eu cymharu nhw â gwerthoedd cyfeirio hysbys i adnabod y pigmentau.

+ Malwch y dail mewn pestl a morter gydag ether petroliwm; bydd hyn yn rhyddhau'r pigmentau o'r dail.
+ Tynnwch linell â phensil ar draws y papur cromatograffaeth 2 cm o un pen.
+ Defnyddiwch diwb capilari i roi smotyn o'r pigment ar ganol y llinell bensil. Arhoswch i'r smotyn sychu ac yna ewch ati i ailadrodd y broses nes bod smotyn bach, tywyll ar y papur.
+ Arllwyswch gymysgedd hydoddydd propanon–ether petroliwm i mewn i diwb berwi hyd at ddyfnder o 5 mm.
+ Rhowch y papur cromatograffaeth yn y tiwb berwi; dylai pen y papur fod yn yr hylif, ond dylai'r smotyn fod uwchben yr hydoddydd. Peidiwch â chyffwrdd ag ochrau'r tiwb berwi â'r papur wrth ei roi i mewn.
+ Defnyddiwch dopyn neu gaead i ddal y papur cromatograffaeth yn ei le.
+ Bydd yr hydoddydd yn symud i fyny'r papur; tynnwch ef pan fydd yr hydoddydd tua 10 mm oddi wrth dop y papur.
+ Defnyddiwch bensil i dynnu llinell i farcio'r pwynt y mae'r hydoddydd wedi'i gyrraedd (dyma'r ffin hydoddydd) gan farcio top pob smotyn pigment (Ffigur 2.4).

+ Defnyddiwch bren mesur i fesur y pellter o'r man cychwyn i'r ffin hydoddydd a'r pellter o'r man cychwyn i bob smotyn pigment.
+ Defnyddiwch yr hafaliad isod i gyfrifo gwerth Rf pob pigment:

$$Rf = \frac{\text{pellter y mae'r pigment wedi'i deithio}}{\text{pellter y mae'r ffin hydoddydd wedi'i deithio}}$$

+ Cymharwch y gwerthoedd Rf rydych chi wedi'u cyfrifo â gwerthoedd sydd wedi'u cyhoeddi i ganfod beth yw pob un o'r pigmentau.

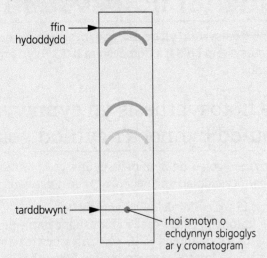

Ffigur 2.4 Cromatogram yn dangos gwahaniad pigmentau ffotosynthetig

Sgiliau mathemategol

Newid testun hafaliad ac amnewid gwerthoedd rhifiadol i mewn i hafaliadau algebraidd

I ddatrys hafaliad yn llwyddiannus, mae angen gweithio'n ofalus ac yn rhesymegol, gan sicrhau bod pob amnewidiad yn cael ei wneud yn gywir a bod pob ffwythiant yn yr hafaliad wedi'i werthuso'n fanwl gywir. Mae'n arbennig o bwysig gwirio eich gwaith yn ofalus – mae'n hawdd iawn gwneud camgymeriad, nid dim ond wrth amnewid gwerthoedd ond hefyd wrth aildrefnu'r termau mewn hafaliad. Yma, byddwn ni'n defnyddio'r hafaliad Rf.

Enghraifft wedi'i datrys

Cyfrifwch y pellter y mae caroten yn ei deithio os yw ei werth Rf yn 0.94 a bod y ffin hydoddydd yn teithio 76 mm.

Ateb

Cam 1: Ysgrifennwch yr hafaliad y mae angen i chi ei ddefnyddio. Hafaliad Rf yw:

$$Rf = \frac{\text{pellter y mae'r pigment wedi'i deithio}}{\text{pellter y mae'r ffin hydoddydd wedi'i deithio}}$$

Cam 2: Rydyn ni'n ceisio canfod y pellter y mae'r caroten yn ei deithio, felly mae angen i ni wneud hynny'n destun yr hafaliad. I wneud hyn, mae angen lluosi'r ddwy ochr â'r pellter y mae'r ffin hydoddydd yn ei deithio, sy'n rhoi:

pellter y mae'r pigment wedi'i deithio = Rf × pellter y mae'r ffin hydoddydd wedi'i deithio

Cam 3: Amnewid y gwerthoedd sydd wedi'u rhoi i mewn i'r hafaliad:

pellter y mae'r pigment wedi'i deithio = 0.94 × 76

= 71 mm (i'r mm agosaf)

Cwestiwn ymarfer

1 Mewn ymchwiliad i bigmentau ffotosynthetig, mae pigment â gwerth Rf o 0.42 yn teithio 84 mm yn ystod cromatograffaeth. Cyfrifwch pa mor bell teithiodd y ffin hydoddydd.

Mae gan y bilen thylacoid ddwy wahanol ffotosystem

Mae pob ffotosystem yn cynnwys cymhlygyn antena a chanolfan adweithio. Mae ffotosystem I (PS I) a ffotosystem II (PS II) yn amsugno golau ar donfeddi gwahanol.

Mae ffotosynthesis yn cynnwys y cyfnod golau-ddibynnol a'r cyfnod golau-annibynnol

ADOLYGU

Mae'r cyfnod golau-ddibynnol yn cynnwys ffotoffosfforyleiddiad cylchol a ffotoffosfforyleiddiad anghylchol ac mae'n digwydd ar y bilen thylacoid.

Yn ystod ffotoffosfforyleiddiad anghylchol:

+ Mae ffotonau golau'n cael eu hamsugno gan y pigmentau atodol yng nghymhlygyn antena PS II. Yna caiff y cyffroad ei drosglwyddo i'r pâr o foleciwlau cloroffyl-a yn y ganolfan adweithio.

+ Mae electron yn cael ei gynhyrfu o bob un o'r moleciwlau cloroffyl-a a'i godi i lefel egni uwch. Mae'r electronau cynhyrfol yn cael eu trosglwyddo i gludyddion electronau, ac yn eu rhydwytho nhw, wrth i'r moleciwl cloroffyl-a gael ei ocsidio.

+ Mae'r electronau'n cael eu trosglwyddo ar hyd cyfres o gludyddion electronau. Mae'r egni o'r electronau hyn yn cael ei ddefnyddio i bwmpio protonau o'r stroma i'r gofod thylacoid. Mae hyn yn cynyddu crynodiad y protonau yn y gofod thylacoid, gan ostwng y pH a chreu graddiant electrocemegol. Mae'r protonau yna'n llifo i lawr y graddiant hwn drwy ATP synthas. Mae hyn yn rhyddhau egni i ffurfio ATP.

+ Mae proses cynaeafu golau hefyd yn digwydd yn PS I; yma caiff ffotonau golau eu hamsugno gan bigmentau atodol yn y cymhlygyn antena cyn i'r egni gael ei drosglwyddo i'r pâr o foleciwlau cloroffyl-a yn y ganolfan adweithio. Mae electron yn cael ei gynhyrfu o bob un o'r moleciwlau cloroffyl-a a'i godi i lefel egni uwch. Mae'r electron yn rhydwytho derbynnydd electronau ac mae'r cloroffyl-a yn cael ei ocsidio. Mae'r derbynnydd electronau'n trosglwyddo'r electron i NADP.

+ Mae pob NADP yn derbyn dau electron ac yn codi dau ïon hydrogen o'r stroma i droi'n NADP wedi'i rydwytho (NADPH + H+).

+ Mae angen electronau newydd i gymryd lle'r rhai gafodd eu colli o PS II (mae'r electronau o PS II yn cymryd lle'r rhai gafodd eu colli o PS I). Mae hyn yn digwydd drwy gyfrwng ffotolysis. Mae moleciwlau dŵr yn y gofodau thylacoid yn cael eu hollti'n ïonau hydrogen, electronau ac ocsigen. Mae'r ïonau hydrogen sy'n ffurfio yn helpu i gynnal y graddiant electrocemegol ar gyfer ffurfio ATP. Mae'r ocsigen yn tryledu allan o'r cloroplast, ac mae naill ai'n cael ei ddefnyddio gan y mitocondria yn ystod resbiradaeth aerobig neu'n tryledu allan i'r atmosffer.

Gallwn ni ddefnyddio'r cynllun Z i gynrychioli ffotoffosfforyleiddiad anghylchol (Ffigur 2.5).

Gallwch chi wirio eich atebion yma: **www.hoddereducation.co.uk/fynodiadauadolygu**

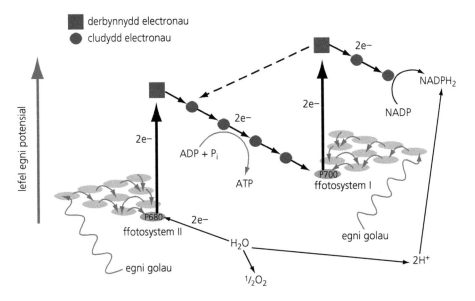

Ffigur 2.5 Y cyfnod golau-ddibynnol (cynllun Z)

Dim ond PS I sy'n cymryd rhan mewn ffotoffosfforyleiddiad cylchol

ADOLYGU

+ Mae pigmentau atodol yn y cymhlygyn antena yn amsugno golau a'i drosglwyddo i gloroffyl-a yn y ganolfan adweithio.
+ Caiff yr electronau eu cynhyrfu a'u trosglwyddo i'r derbynnydd electronau.
+ Yna trosglwyddir yr electronau ar hyd cludyddion electronau, gan roi egni i bwmpio protonau o'r stroma i'r gofod thylacoid, a chreu graddiant electrocemegol, a ddefnyddir i gynhyrchu ATP. Yna, gan mai ffotoffosfforyleiddiad cylchol yw hyn, mae'r electron yn dychwelyd i PS I.

Mae ffotoffosfforyleiddiad cylchol yn cynhyrchu ATP ond nid yw'n cynhyrchu NADP wedi'i rydwytho. Gan fod yr electronau'n dychwelyd i PS I, heb i PS II gymryd rhan, does dim angen ffotolysis i gynhyrchu electronau newydd i gymryd lle'r rhai gafodd eu colli. Ddaw dim ocsigen o'r broses hon chwaith.

Gweithgaredd adolygu

Lluniadwch gamau ffotoffosfforyleiddiad cylchol ac anghylchol ar ddalen fawr o bapur. Torrwch yr adrannau allan, cymysgwch nhw ac yna ceisiwch eu trefnu nhw yn y drefn gywir.

Profi eich hun

PROFI

5 Pa gydensym sy'n cael ei rydwytho yn ystod ffotoffosfforyleiddiad anghylchol?

6 Ym mha ran o'r cloroplast mae crynodiad uchel o brotonau?

7 Sut mae electronau newydd yn cael eu cynhyrchu i gymryd lle'r rhai gafodd eu colli o PS II?

8 Sut mae electronau newydd yn cael eu cynhyrchu i gymryd lle'r rhai gafodd eu colli o PS I yn ystod ffotoffosfforyleiddiad cylchol?

Mae'r adwaith golau-annibynnol yn defnyddio cynhyrchion ffotoffosfforyleiddiad anghylchol

ADOLYGU

Enw arall ar yr adwaith golau-annibynnol yw cylchred Calvin, ac mae'n digwydd yn y stroma. Mae Ffigur 2.6 yn rhoi crynodeb o hyn.

+ Sefydlogir carbon deuocsid mewn adwaith gyda ribwlos bisffosffad (cyfansoddyn pum carbon). Mae'r ensym rwbisco yn catalyddu'r adwaith hwn. Mae'n ffurfio dau foleciwl glyserad-3-ffosffad (moleciwl tri charbon).
+ Mae ATP ac NADP wedi'i rydwytho o'r adwaith golau-ddibynnol yn cael eu defnyddio i rydwytho'r moleciwlau glyserad-3-ffosffad i ffurfio trios ffosffad, sydd hefyd yn foleciwl tri charbon.
+ Yna, gellir defnyddio'r moleciwlau trios ffosffad i wneud cynhyrchion ffotosynthesis ac atffurfio ribwlos bisffosffad, drwy ribwlos ffosffad. Mae angen ATP ar gyfer y broses hon hefyd.

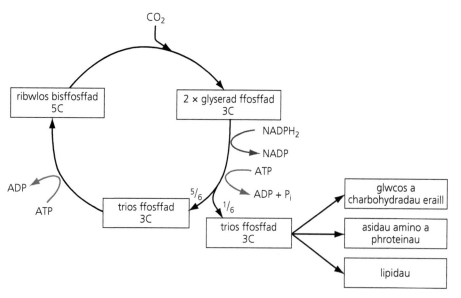

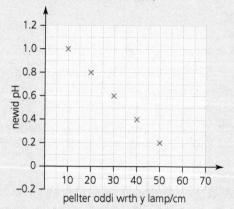

Ffigur 2.6 Y cyfnod golau-annibynnol (cylchred Calvin)

Ar gyfartaledd, caiff un atom carbon ei ryddhau bob tro mae'r gylchred yn troi. Mae hyn yn golygu bod rhaid i gylchred Calvin droi chwe gwaith i gynhyrchu un moleciwl glwcos.

Mae ffotosynthesis yn gallu cynhyrchu nifer o wahanol foleciwlau organig:
+ glwcos a charbohydradau eraill
+ lipidau
+ asidau amino – wedi'u ffurfio gan ddefnyddio nitrogen sy'n dod o nitradau

Cysylltiadau

Mae glwcos yn fonosacarid. Mae'n siwgr hecsos oherwydd bod ganddo chwe atom carbon. Mae asidau amino yn cynnwys grŵp amin, grŵp carbocsyl a grŵp R newidiol.

Sgiliau ymarferol

Ymchwilio i effaith golau ar gyfradd ffotosynthesis

Yn y dasg ymarferol hon, byddwch chi'n defnyddio peli algaidd i ymchwilio i effaith golau ar gyfradd ffotosynthesis. Mae algâu ungellog yn cael eu cadw'n ansymudol mewn gleiniau alginad i ffurfio peli algaidd. Mae'r peli algaidd yn cael eu rhoi mewn hydoddiant dangosydd hydrogen carbonad, sy'n newid lliw wrth i'r pH newid. Wrth i'r algâu gyflawni ffotosynthesis, byddan nhw'n amsugno carbon deuocsid o'r hydoddiant. Bydd hyn yn cynyddu pH yr hydoddiant dangosydd, gan achosi newid lliw. Y cyflymaf yw cyfradd ffotosynthesis, y cyflymaf yw cyfradd amsugno carbon deuocsid felly y cyflymaf yw cyfradd y newid lliw.

Os yw'r algâu yn resbiradu'n gyflymach nag maen nhw'n cyflawni ffotosynthesis, caiff carbon deuocsid ei ryddhau i'r hydoddiant. Bydd hyn yn achosi i'r hydoddiant fynd yn fwy asidig, gan ostwng y pH a chynhyrchu newid lliw gwahanol. Enw'r pwynt lle mae cyfradd resbiradaeth yn hafal i gyfradd ffotosynthesis yw'r pwynt digolled; ar y pwynt hwn, dydy lliw'r dangosydd ddim yn newid.
+ Rhowch y peli algaidd mewn ffiolau sy'n cynnwys dangosydd hydrogen carbonad.
+ Rhowch y ffiolau ar bellter penodol oddi wrth ffynhonnell golau.
+ Ar ôl amser penodol, cymerwch sampl o ddangosydd o bob un o'r ffiolau a defnyddiwch golorimedr i ganfod ei amsugnedd.

Enghraifft wedi'i datrys

Mae'r graff yn Ffigur 2.7 yn dangos y newidiadau pH o'r pH cychwynnol ar wahanol bellteroedd oddi wrth lamp. Amcangyfrifwch y pwynt digolled (y pwynt lle does dim mewnlifiad carbon deuocsid).

Ffigur 2.7

Ateb

Mae angen i ni ganfod y gwerth x (pellter oddi wrth y lamp) lle mae'r gwerth y (newid pH) yn sero; dyma ryngdoriad yr echelin x. Tynnwch linell syth drwy'r pwyntiau data ac edrych ble mae'n croesi'r echelin x (Ffigur 2.8).

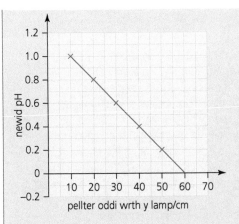

Ffigur 2.8

60 cm oddi wrth y ffynhonnell golau yw pwynt y rhyngdoriad. Felly, does dim newid yn y pH ar y pwynt hwn, a dyma'r pwynt digolled.

Cwestiwn ymarfer

2 Mae'r graff yn Ffigur 2.9 yn dangos data o ymchwiliad arall lle cafodd cyfradd mewnlifiad ocsigen planhigyn ei fesur ar arddwyseddau golau gwahanol. Amcangyfrifwch y pwynt digolled.

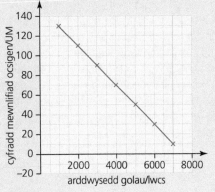

Ffigur 2.9

Y ffactor mwyaf prin sy'n cyfyngu ar ffotosynthesis

Mae tri phrif ffactor cyfyngol yn effeithio ar gyfradd ffotosynthesis

ADOLYGU ●

+ Wrth i **arddwysedd golau** gynyddu, bydd cyfradd ffotosynthesis hefyd yn cynyddu oherwydd bod cyfradd yr adwaith golau-ddibynnol yn cynyddu, hyd nes bod cyfradd ffotosynthesis yn cyrraedd uchafswm; dyma pryd bydd ffactor arall yn cyfyngu ar gyfradd ffotosynthesis.

+ Wrth i'r **tymheredd** gynyddu, bydd cyfradd ffotosynthesis hefyd yn cynyddu hyd nes cyrraedd tymheredd optimwm yr ensymau sy'n rhan o ffotosynthesis. Wrth i'r tymheredd gynyddu dros yr optimwm, bydd cyfradd yr adwaith yn lleihau wrth i'r ensym ddadnatureiddio.

+ Wrth i **grynodiad carbon deuocsid** gynyddu, bydd cyfradd ffotosynthesis hefyd yn cynyddu oherwydd bod cyfradd yr adwaith golau-annibynnol yn cynyddu; mae carbon deuocsid yn un o adweithyddion yr adwaith hwn.

Ffactor cyfyngol Ffactor sy'n cyfyngu ar gyfradd adwaith.

Mae crynodeb o effeithiau'r ffactorau cyfyngol hyn i'w weld yn Ffigur 2.10.

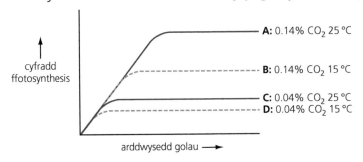

Ffigur 2.10 Effeithiau tair ffactor gyfyngol – arddwysedd golau, tymheredd a chrynodiad carbon deuocsid – ar gyfradd ffotosynthesis

Mae maetholion anorganig yn bwysig i fetabolaeth planhigion

ADOLYGU ●

Os oes gan blanhigyn ddiffyg o ran rhai maetholion anorganig, fel nitrogen a magnesiwm, gall y rhain fod yn ffactorau sy'n cyfyngu ar dwf y planhigyn.

+ Mae'r gwreiddiau'n amsugno nitrogen ar ffurf nitradau. Defnyddir y nitrogen ar gyfer synthesis proteinau, asidau niwclëig a chloroffyl.

+ Mae magnesiwm yn cael ei ddefnyddio ar gyfer synthesis cloroffyl. Mae diffyg magnesiwm yn gallu achosi clorosis (dail yn troi'n felyn).

Cysylltiadau

Mae bacteria nitreiddio yn ffurfio nitradau yn y pridd o ïonau amoniwm.

17

Sgiliau ymarferol

Ymchwilio i swyddogaeth nitrogen a magnesiwm ym mhroses twf planhigyn

Yn y dasg ymarferol hon, byddwch chi'n ymchwilio i effaith tyfu eginblanhigion mewn hydoddiant â diffyg nitradau a hydoddiant â diffyg magnesiwm. Mae angen magnesiwm a nitradau ar blanigion i dyfu'n iawn; felly dylech chi weld llai o dwf mewn eginblanhigion sydd wedi'u tyfu yn yr hydoddiannau sydd heb ddigon o'r rhain o'u cymharu nhw â'r rhai sydd wedi tyfu yn yr hydoddiannau cyflawn. Dylech chi fesur y masau sych oherwydd mae'r màs gwlyb yn cynnwys dŵr sydd yn y planhigyn, felly dydy hwn ddim yn arwydd da o dwf planhigyn.

✚ Paratowch diwbiau profi o hydoddiant meithrin cyflawn, hydoddiant meithrin â diffyg nitrad, a hydoddiant meithrin â diffyg magnesiwm.
✚ Rhowch eginblanhigion barlys ar dopynnau gwlân cotwm dros ben y tiwbiau profi.
✚ Gwnewch yn siŵr bod y tiwbiau profi i gyd yn cael yr un amodau, er enghraifft golau a thymheredd.
✚ Ar ôl mis, cofnodwch unrhyw wahaniaethau rhwng yr eginblanhigion a mesurwch hyd gwahanol y gwreiddiau a'r cyffion.
✚ Defnyddiwch ffwrn i sychu'r eginblanhigion ac yna mesurwch fàs sych pob un.

Profi eich hun

9 Pa ensym sy'n catalyddu'r adwaith rhwng carbon deuocsid a ribwlos bisffosffad yn yr adwaith golau-annibynnol?
10 Ble yn y cloroplast mae'r adwaith golau-annibynnol yn digwydd?
11 Pa ïon anorganig sydd ei angen i ffurfio asidau amino?
12 Pa rai o gynhyrchion yr adwaith golau-ddibynnol sydd eu hangen yng nghylchred Calvin?

Crynodeb

Dylech chi allu:
✚ Esbonio sut mae cloroplastau wedi addasu i amsugno amrediad o donfeddi golau.
✚ Disgrifio prosesau ffotoffosfforyleiddiad anghylchol a chylchol.
✚ Disgrifio'r adwaith golau-annibynnol.

✚ Nodi beth yw cynhyrchion ffotosynthesis.
✚ Esbonio effeithiau ffactorau cyfyngol ar ffotosynthesis.
✚ Esbonio swyddogaethau nitrogen a magnesiwm ym mhrosesau metabolaeth planhigion.

Cwestiynau enghreifftiol

1 Mae'r graff yn Ffigur 2.11 yn dangos effaith crynodiad carbon deuocsid ar gyfradd ffotosynthesis.

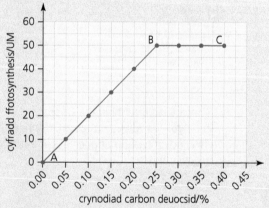

Ffigur 2.11

a Esboniwch siâp y gromlin rhwng A a B. [4]
b Esboniwch siâp y gromlin rhwng B ac C. [3]
c Mae ffermwr yn ystyried sut i gynyddu cynnyrch y cnydau sy'n tyfu yn ei dŷ gwydr. Awgrymwch grynodiad carbon deuocsid addas i'r ffermwr ei ddefnyddio. Esboniwch eich ateb. [2]

2 Mae ymchwilydd yn astudio effeithiau chwynladdwr ar gyfradd ffotosynthesis mewn cloroplastau wedi'u harunigo.
   a Esboniwch pam mae hi'n bwysig sicrhau bod y cloroplastau wedi'u harunigo mewn hydoddiannau isotonig drwy'r amser. [2]

Mae rhai o ganlyniadau'r ymchwiliad wedi'u rhestru isod.

Pan gafodd y chwynladdwr ei ychwanegu:
✚ Doedd y cloroplastau ddim yn cynhyrchu ocsigen.
✚ Doedd dim glwcos yn cael ei gynhyrchu.
✚ Ar ôl ychwanegu ATP a NADP wedi'i rydwytho at y cloroplastau, roedd glwcos yn cael ei gynhyrchu am gyfnod byr.
✚ Roedd ffotoffosfforyleiddiad cylchol yn parhau.

   b Awgrymwch pa gasgliad y mae'n bosibl ei ffurfio o'r canlyniadau hyn. [5]

Pan gafodd y chwynladdwr ei ddefnyddio ar gelloedd planhigyn, roedd cyfradd resbiradaeth yn gostwng ond ddim yn syrthio i sero ar unwaith.

   c Esboniwch yr arsylw hwn. [2]

Gallwch chi wirio eich atebion yma: **www.hoddereducation.co.uk/fynodiadauadolygu**

3 Mae resbiradaeth yn rhyddhau egni cemegol mewn prosesau biolegol

Cyfres o adweithiau sy'n cael eu catalyddu gan ensymau yw resbiradaeth

Mae swbstradau resbiradol fel glwcos yn cael eu torri i lawr, ac mae egni'n cael ei ryddhau. Felly, mae resbiradaeth yn broses gatabolig.

Yn ystod resbiradaeth, mae bondiau â llawer o egni, fel C–C, C–H a C–OH, yn cael eu torri. Yna, caiff bondiau â llai o egni eu ffurfio. Mae'r egni sy'n cael ei ryddhau yn cael ei ddefnyddio i ffosfforyleiddio ADP drwy ychwanegu ffosffad anorganig, i ffurfio ATP.

Mae resbiradaeth yn gallu bod yn aerobig (gydag ocsigen) neu'n anaerobig (heb ocsigen).

Mae gan resbiradaeth aerobig nifer o gamau:
+ glycolysis
+ adwaith cysylltu
+ cylchred Krebs
+ cadwyn trosglwyddo electronau

Mae glycolysis yn digwydd yn y cytoplasm

ADOLYGU

Mae glwcos yn cael ei ffosfforyleiddio gan ddau foleciwl ATP i ffurfio hecsos ffosffad. Yna, mae'r hecsos ffosffad hwn (sy'n cynnwys chwe atom carbon) yn hollti i ffurfio dau foleciwl trios ffosffad (sy'n cynnwys tri atom carbon yr un). Yna, mae pob trios ffosffad yn cael ei ocsidio i ffurfio pyrwfad ac mae NAD yn cael ei rydwytho i ffurfio NAD wedi'i rydwytho. Mae'r broses hefyd yn ffurfio dau foleciwl o ATP.

Mae hyn yn golygu bod glycolysis yn cynhyrchu pedwar moleciwl ATP o bob moleciwl glwcos. Fodd bynnag, mae angen dau foleciwl ATP ar ddechrau glycolysis i ffurfio hecsos ffosffad, felly y cynhyrchiant net yw dau foleciwl ATP o bob moleciwl glwcos. Mae'r glwcos hwn yn cael ei gynhyrchu drwy gyfrwng ffosfforyleiddiad lefel swbstrad. Mae pob moleciwl glwcos hefyd yn cynhyrchu dau foleciwl o NAD wedi'i rydwytho.

Mae'r pyrwfad a gafodd ei ffurfio yn ystod glycolysis yna'n tryledu i mewn i fatrics y mitocondria, lle mae'r adwaith cysylltu yn digwydd.

Mae'r adwaith cysylltu yn datgarbocsyleiddio pyrwfad a'i ocsidio i ffurfio asetad

ADOLYGU

Mae'r broses hon yn rhyddhau carbon deuocsid ac yn rhydwytho NAD i ffurfio NAD wedi'i rydwytho (Ffigur 3.1). Yna, mae'r asetad yn adweithio â chydensym A i ffurfio asetyl cydensym A.

> **Cydensym** Cyfansoddyn organig, sydd ddim yn brotein, ac sy'n rhwymo wrth ensym i gatalyddu adwaith. Mae NAD ac FAD yn enghreifftiau o gydensymau sy'n cael eu defnyddio yn ystod resbiradaeth.

Profi eich hun

PROFI

1. Beth sy'n cael ei ffurfio drwy ocsidio trios ffosffad yn ystod glycolysis?
2. Sawl moleciwl o NAD wedi'i rydwytho sy'n cael ei gynhyrchu o bob moleciwl glwcos yn ystod glycolysis?
3. Beth yw cynhyrchion terfynol yr adwaith cysylltu?
4. Sawl atom carbon sydd mewn moleciwl asetad?

19

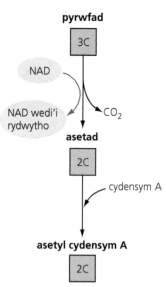

pyrwfad

asetad

asetyl cydensym A

Ffigur 3.1 Yr adwaith cysylltu; mae'r blychau'n dangos nifer yr atomau carbon yn y moleciwlau dan sylw yn y llwybr resbiradol

Yna mae asetyl cydensym A yn mynd i gylchred Krebs

ADOLYGU

Yng nghylchred Krebs, sy'n digwydd ym matrics y mitocondrion, mae asetyl cydensym A yn cyfuno â chyfansoddyn pedwar carbon, i ffurfio cyfansoddyn chwe charbon. Yna mae'r cyfansoddyn chwe charbon yn mynd drwy gyfres o adweithiau sy'n cael eu rheoli gan ensymau, gan gynnwys:

+ pedwar adwaith dadhydrogenu – mae'r adweithiau hyn yn tynnu parau o atomau hydrogen o ryngolynnau cylchred Krebs ac yn eu trosglwyddo nhw i NAD ac FAD. Mae pob troad yng nghylchred Krebs yn cynhyrchu tri moleciwl o NAD wedi'i rydwytho ac 1 moleciwl o FAD wedi'i rydwytho.
+ dau adwaith datgarbocsyleiddio – mae'r adweithiau hyn yn tynnu carbon o grŵp carbocsyl i ffurfio carbon deuocsid. Mae'r adwaith datgarbocsyleiddio cyntaf yn trawsnewid y cyfansoddyn chwe charbon yn gyfansoddyn pum carbon, ac mae'r ail adwaith yn trawsnewid cyfansoddyn pum carbon yn gyfansoddyn pedwar carbon.

Mae pob troad yng nghylchred Krebs hefyd yn cynhyrchu un moleciwl ATP drwy gyfrwng ffosfforyleiddiad lefel swbstrad (Ffigur 3.2).

Ar ôl yr adweithiau hyn, mae'r moleciwl asetad wedi'i dorri i lawr i ffurfio CO_2 a dŵr. Mae'r cyfansoddyn pedwar carbon gwreiddiol wedi'i atffurfio ac mae nawr yn gallu adweithio â moleciwl arall o asetyl cydensym A i barhau â'r gylchred.

> **Cyngor**
>
> Does dim angen i chi gofio enwau unrhyw ryngolynnau yng nghylchred Krebs, ond gallai cwestiynau arholiad sôn am y rhain i brofi eich gwybodaeth am gylchred Krebs, er enghraifft i ganfod sawl atom carbon sydd mewn rhyngolyn.

> **Gweithgaredd adolygu**
>
> Lluniwch ddiagram llif mawr i ddangos holl gamau resbiradaeth. Gorchuddiwch rannau ohono a cheisio eu llunio nhw eto'n fanwl gywir, gan sicrhau eich bod chi'n defnyddio'r termau allweddol cywir i gyd. Ailadroddwch y broses hon nes eich bod chi'n gallu ysgrifennu diagram llif hollol gywir ar gyfer resbiradaeth.

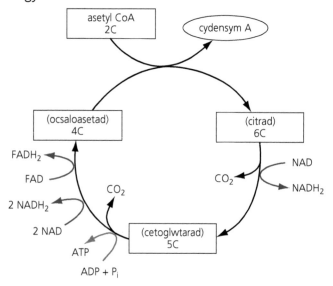

Ffigur 3.2 Cylchred Krebs

Gallwch chi wirio eich atebion yma: **www.hoddereducation.co.uk/fynodiadauadolygu**

5 Pa broses sy'n cynhyrchu ATP yng nghylchred Krebs?

6 Beth sy'n digwydd i gydensym A yng nghylchred Krebs?

7 Sawl moleciwl cydensym sy'n cael eu rhydwytho mewn un troad drwy gylchred Krebs?

8 Sawl moleciwl carbon deuocsid sy'n cael ei ryddhau yng nghylchred Krebs o bob moleciwl glwcos?

Mae NAD wedi'i rydwytho ac FAD wedi'i rydwytho yn cael eu hocsidio yn y gadwyn trosglwyddo electronau

Mae NAD wedi'i rydwytho ac FAD wedi'i rydwytho'n teithio i bilen fewnol y mitocondrion

ADOLYGU

Mae'r gadwyn trosglwyddo electronau wedi'i lleoli ar bilen fewnol y mitocondrion. Mae'r hydrogen sy'n cael ei ryddhau o ocsidio NAD wedi'i rydwytho ac FAD wedi'i rydwytho yn ffurfio electronau egni uchel a phrotonau. Mae'r electronau egni uchel yn cael eu derbyn gan gludydd electronau a'u trosglwyddo ar hyd cadwyn o gludyddion. Mae pob cludydd ar lefel egni is na'r cludydd blaenorol. Mae'r egni sy'n cael ei ryddhau o'r electronau'n cael ei ddefnyddio i bweru pympiau protonau, sy'n pwmpio protonau o'r matrics i'r gofod rhyngbilennol. Mae hyn yn creu graddiant electrocemegol, gyda chrynodiad uchel o brotonau yn y gofod rhyngbilennol a chrynodiad is yn y matrics.

Mae pilen fewnol y mitocondrion yn anathraidd i brotonau ar wahân i'r sianeli ATP synthas yn y gronynnau coesog. Mae protonau'n llifo i lawr eu graddiant crynodiad drwy ATP synthas o'r gofod rhyngbilennol i'r matrics, gan gynhyrchu ATP o ADP + Pi. Cemiosmosis yw hyn.

Ocsigen yw'r derbynnydd electronau terfynol; mae'n cymryd electronau o'r cludydd electronau olaf ac yn adweithio â phrotonau i ffurfio dŵr (Ffigur 3.3).

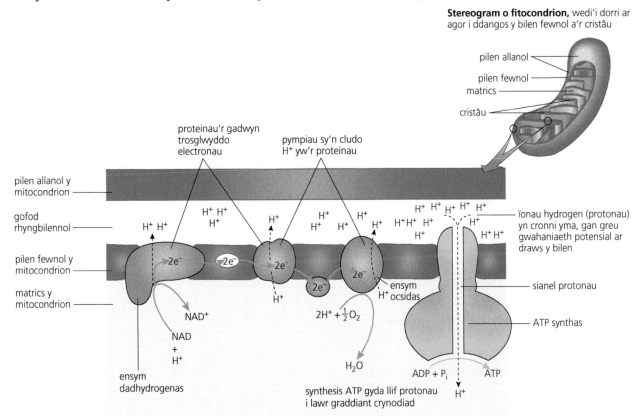

Stereogram o fitocondrion, wedi'i dorri ar agor i ddangos y bilen fewnol a'r cristâu

Ffigur 3.3 Y gadwyn trosglwyddo electronau

3 Mae resbiradaeth yn rhyddhau egni cemegol mewn prosesau biolegol

Mae pob moleciwl o NAD wedi'i rydwytho yn darparu digon o egni i ffurfio tri moleciwl ATP, ac mae pob moleciwl o FAD wedi'i rydwytho yn darparu digon o egni i ffurfio dau foleciwl ATP.

Yn ystod resbiradaeth anaerobig, dydy ocsigen ddim yn gallu bod yn dderbynnydd electronau terfynol

ADOLYGU

Heb ocsigen does dim modd ocsidio'r cludydd electronau olaf, sy'n golygu bod yr holl gadwyn trosglwyddo electronau'n stopio. Felly, does dim modd ocsidio NAD wedi'i rydwytho ac FAD wedi'i rydwytho. Mae hyn yn achosi i holl NAD y gell gael ei ddefnyddio'n gyflym (gan ei fod i gyd wedi'i rydwytho); felly dydy'r adwaith cysylltu na chylchred Krebs ddim yn gallu digwydd chwaith (mae NAD yn adweithydd hanfodol yn y ddau o'r rhain). Felly, dim ond glycolysis sy'n gallu digwydd.

Gan fod NAD yn un o adweithyddion glycolysis, mae angen i'r NAD wedi'i rydwytho a gafodd ei gynhyrchu wrth ocsidio pyrwfad gael ei ocsidio eto. Mae hyn yn digwydd mewn gwahanol ffyrdd mewn anifeiliaid ac mewn planhigion a ffyngau:

✚ Anifeiliaid – mae'r hydrogen o NAD wedi'i rydwytho yn cael ei drosglwyddo i byrwfad. Mae'r pyrwfad yn cael ei rydwytho i ffurfio asid lactig (lactad) ac mae'r NAD wedi'i rydwytho'n cael ei ocsidio i ffurfio NAD (Ffigur 3.4).

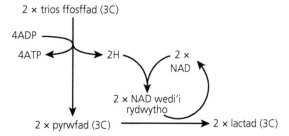

Ffigur 3.4 Resbiradaeth anaerobig mewn anifeiliaid

✚ Planhigion a ffyngau – mae pyrwfad yn cael ei ddatgarbocsyleiddio i ffurfio ethanal gan ryddhau carbon deuocsid. Mae'r hydrogen o NAD wedi'i rydwytho yn cael ei drosglwyddo i'r ethanal. Mae'r ethanal yn cael ei rydwytho i ffurfio ethanol, ac mae'r NAD wedi'i rydwytho'n cael ei ocsidio i ffurfio NAD (Ffigur 3.5).

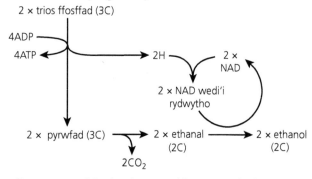

Ffigur 3.5 Resbiradaeth anaerobig mewn planhigion a ffyngau

Gan mai dim ond glycolysis sy'n digwydd, dim ond dau foleciwl ATP sy'n gallu ffurfio o bob moleciwl glwcos; mae hyn yn llawer llai na'r 38 moleciwl ATP sy'n ffurfio o bob moleciwl glwcos yn ystod resbiradaeth aerobig (Tabl 3.1).

Gallwch chi wirio eich atebion yma: **www.hoddereducation.co.uk/fynodiadauadolygu**

Tabl 3.1 Cynhyrchu ATP yn ystod resbiradaeth

	Glycolysis	Adwaith cysylltu	Cylchred Krebs	Cadwyn trosglwyddo electronau
ATP sy'n cael ei gynhyrchu drwy gyfrwng ffosfforyleiddiad lefel swbstrad	2	0	2	0
NAD wedi'i rydwytho sy'n cael ei gynhyrchu	2	2	6	0
FAD wedi'i rydwytho sy'n cael ei gynhyrchu	0	0	2	0
ATP sy'n cael ei gynhyrchu drwy gyfrwng ffosfforyleiddiad ocsidiol	0	0	0	O'r NAD wedi'i rydwytho = $10 \times 3 = 30$ O'r FAD wedi'i rydwytho = $2 \times 2 = 4$

✛ Cyfanswm yr ATP sy'n cael ei gynhyrchu drwy gyfrwng ffosfforyleiddiad lefel swbstrad = 4

✛ Cyfanswm yr ATP sy'n cael ei gynhyrchu drwy gyfrwng ffosfforyleiddiad ocsidiol = 34

✛ Cyfanswm yr ATP sy'n cael ei gynhyrchu o bob moleciwl glwcos = 38

Sgiliau ymarferol

Ymchwilio i ffactorau sy'n effeithio ar resbiradaeth mewn burum

Yn y dasg ymarferol hon, byddwch chi'n ymchwilio i resbiradaeth mewn burum. Drwy roi'r burum mewn dŵr, byddwch chi'n gallu arsylwi swigod carbon deuocsid yn cael eu cynhyrchu wrth i'r burum resbiradu. Drwy gyfrif nifer y swigod sy'n cael eu cynhyrchu mewn amser penodol, gallwn ni fesur cyfradd resbiradaeth.

✛ Paratowch gafn o ddŵr ar dymheredd penodol; gwnewch yn siŵr eich bod chi'n ei fonitro ac yn ei gadw o fewn gradd i'r tymheredd dymunol.

✛ Trowch yr hydoddiant burum a thynnwch 5 cm³ i mewn i chwistrell 20 cm³.

✛ Tynnwch 10 cm³ o hydoddiant swcros i'r chwistrell.

✛ Tynnwch blymiwr y chwistrell yn ôl a throi'r chwistrell â'i phen i lawr i gymysgu'r cynnwys.

✛ Rhowch y chwistrell yng ngwaelod y baddon dŵr, â'r ffroenell ar yr ochr uchaf, gan ddefnyddio pwysyn i'w dal hi yn ei lle.

✛ Gadewch i'r daliant burum gyrraedd y tymheredd dymunol (ecwilibreiddio).

✛ Cyfrwch nifer y swigod sy'n cael eu rhyddhau o ffroenell y chwistrell mewn 1 funud.

Sgiliau mathemategol

Llunio a defnyddio goledd tangiad i gromlin

Os yw graff yn grwm yn hytrach nag yn syth, bydd y graddiant yn wahanol ar wahanol bwyntiau ar y graff. I fesur cyfradd newid ar unrhyw bwynt penodol, mae angen llunio tangiad i'r gromlin ar y pwynt hwnnw a chanfod graddiant llinell y tangiad.

Llinell syth sy'n cyffwrdd â'r graff ar un pwynt yw tangiad. Drwy ffurfio triongl ongl sgwâr â'r hypotenws ar y tangiad hwn, gallwn ni wedyn gyfrifo'r graddiant a thrwy hynny y gyfradd newid.

Enghraifft wedi'i datrys

Mae Ffigur 3.6 yn dangos cyfaint y carbon deuocsid sy'n cael ei ryddhau dros amser mewn ymchwiliad i resbiradaeth.

Cyfrifwch gyfradd rhyddhau carbon deuocsid ar 90 eiliad.

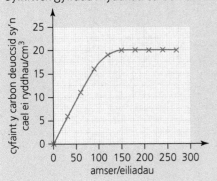

Ffigur 3.6

Ateb

Cam 1: Canfod y gyfradd newid ar 90 eiliad drwy luniadu tangiad i'r graff ar 90 eiliad. Mae hon yn llinell syth sy'n cyffwrdd â'r gromlin ar werth x o 90.

Cam 2: Ffurfio triongl ongl sgwâr â'r hypotenws ar linell y tangiad. Canfod y newid i y drwy edrych ar ymyl fertigol y triongl, a'r newid i x drwy edrych ar ymyl lorweddol y triongl (Ffigur 3.7).

Cam 3: Rhannu'r newid i y â'r newid i x i ganfod graddiant y tangiad.

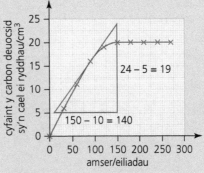

Ffigur 3.7

graddiant y tangiad = newid i y/newid i x
  = $19/140 = 0.136$

cyfradd cynhyrchu carbon deuocsid = 0.136 cm³ yr eiliad

23

Cwestiwn ymarfer

1 Mae'r ymchwiliad uchod yn cael ei ailadrodd ar dymheredd is. Mae'r canlyniadau i'w gweld yn Ffigur 3.8.

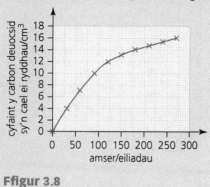

Ffigur 3.8

a Cyfrifwch gyfradd rhyddhau carbon deuocsid ar 150 eiliad.

b Esboniwch y gwahaniaeth rhwng yr ateb hwn a'r ateb yn yr enghraifft wedi'i datrys.

Gellir defnyddio lipidau a phroteinau fel swbstradau resbiradol

Dim ond ar ôl i'r carbohydradau i gyd gael eu defnyddio y caiff lipidau eu defnyddio fel swbstrad resbiradol. Caiff proteinau eu defnyddio mewn amodau newyn.

+ Yn gyntaf, caiff lipidau eu hydrolysu i ffurfio asidau brasterog a glyserol. Caiff y glyserol ei drawsnewid yn drios ffosffad ac yna ei ddefnyddio ar gyfer glycolysis.

+ Mae'r asidau brasterog yn hollti'n ddau ddarn carbon asetad. Yna caiff y darnau hyn eu trawsnewid yn asetyl cydensym A.

+ Caiff proteinau eu hydrolysu i ffurfio asidau amino. Yna, caiff yr asidau amino eu cludo i'r iau/afu. Yma maen nhw'n cael eu dadamineiddio, gan ffurfio asid ceto ac amonia.

+ Caiff rhai asidau ceto eu defnyddio mewn glycolysis; er enghraifft, gellir eu trawsnewid nhw'n byrwfad. Mae hefyd yn bosibl trawsnewid asidau ceto yn rhyngolynnau cylchred Krebs a'u defnyddio nhw yng nghylchred Krebs.

Cysylltiadau

Mae amonia'n cael ei drawsnewid i wrea ac yna'n cael ei dynnu o'r gwaed drwy uwch-hidlo yng nghwpan Bowman.

Profi eich hun

13 Sawl moleciwl ATP sy'n cael ei gynhyrchu o bob moleciwl glwcos yn ystod resbiradaeth aerobig?

14 Sawl moleciwl ATP sy'n cael ei gynhyrchu o bob moleciwl glwcos yn ystod resbiradaeth anaerobig?

15 Sawl moleciwl ATP sy'n cael ei gynhyrchu drwy gyfrwng ffosfforyleiddiad ocsidiol o bob moleciwl o FAD wedi'i rydwytho?

16 Pa foleciwl sy'n cael ei rydwytho i ffurfio asid lactig yn ystod resbiradaeth anaerobig mewn anifeiliaid?

Crynodeb

Dylech chi allu:

+ Esbonio proses resbiradaeth aerobig, gan gynnwys glycolysis, yr adwaith cysylltu a chylchred Krebs.

+ Esbonio proses resbiradaeth anaerobig mewn anifeiliaid, ffyngau a phlanhigion.

+ Disgrifio'r gyllideb egni sy'n gysylltiedig â thorri glwcos i lawr yn ystod resbiradaeth aerobig ac anaerobig.

+ Esbonio sut gellir defnyddio asidau amino a lipidau ym mhroses resbiradaeth.

Gallwch chi wirio eich atebion yma: **www.hoddereducation.co.uk/fynodiadauadolygu**

1 Mae ocsaloasetad yn un o ryngolynnau cylchred Krebs. Mae'n cael ei ffurfio gan ddau adwaith datgarbocsyleiddio ac mae'n cyfuno ag asetyl cydensym A.

   a Awgrymwch sawl atom carbon sydd mewn ocsaloasetad. Esboniwch eich ateb. [2]

   b Mae ocsaloasetad yn cael ei ffurfio o falad gan dadhydrogenas malad. Esboniwch sut mae dadhydrogenas malad yn gweithio. [2]

   c Mae ymchwiliad yn cael ei gynnal i effaith amodau anaerobig ar grynodiadau ocsaloasetad mewn mitocondria arunig. Mae Ffigur 3.9 yn crynhoi'r canlyniadau.
Esboniwch siâp y graff ar ôl i'r amodau droi'n anaerobig. [3]

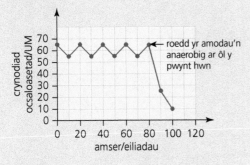

Ffigur 3.9

2 a Yn y gadwyn trosglwyddo electronau, mae NAD wedi'i rydwytho yn adweithio â chludydd electronau 1, sef dadhydrogenas NADH math I. Mae FAD wedi'i rydwytho yn adweithio â chludydd electronau 2, sef dadhydrogenas sycsinad. Awgrymwch beth sy'n digwydd o ganlyniad i hyn i'r ATP sy'n cael ei gynhyrchu gan y gadwyn trosglwyddo electronau. [2]

Mae antimycin yn sylwedd peryglus dros ben; mae ei gynhyrchu yn cael ei fonitro'n agos. Mae antimycin yn rhwystro electronau rhag cael eu trosglwyddo drwy gludydd electronau 3, sef cytocrom c rhydwythas.

   b Esboniwch pam mae antimycin yn lladd organebau. [4]

   c Esboniwch pam mae resbiradaeth anaerobig yn dal i allu digwydd mewn celloedd anifail sydd wedi dod i gysylltiad ag antimycin. [3]

25

4 Microbioleg

Mae micro-organebau yn cynnwys bacteria a rhywogaethau ffyngau a Protoctista

Mae'r adran hon yn canolbwyntio'n bennaf ar facteria. Gallwn ni ddosbarthu bacteria mewn nifer o ffyrdd, gan gynnwys yn ôl eu maint, eu siâp a'u nodweddion staenio (gan gynnwys staen Gram), yn ogystal â'u nodweddion antigenig, genynnol a metabolaidd.

Yn yr adran hon, byddwn ni'n canolbwyntio ar ddosbarthu bacteria yn ôl eu siâp ac yn ôl eu hadwaith i'r staen Gram.

Tri phrif siâp bacteria (Ffigur 4.1) yw:
+ cocws – sfferig
+ bacilws – siâp rhoden
+ sbirilwm – siâp sbiral

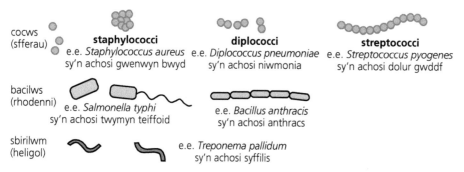

cocws (sfferau)

staphylococci
e.e. *Staphylococcus aureus* sy'n achosi gwenwyn bwyd

diplococci
e.e. *Diplococcus pneumoniae* sy'n achosi niwmonia

streptococci
e.e. *Streptococcus pyogenes* sy'n achosi dolur gwddf

bacilws (rhodenni)
e.e. *Salmonella typhi* sy'n achosi twymyn teiffoid

e.e. *Bacillus anthracis* sy'n achosi anthracs

sbirilwm (heligol)
e.e. *Treponema pallidum* sy'n achosi syffilis

Ffigur 4.1 Dosbarthu bacteria yn ôl eu siâp

Mae rhoi staen Gram ar gellfuriau bacteria yn cynhyrchu gwahanol liwiau gan ddibynnu ar eu cyfansoddiad

ADOLYGU

Cysylltiadau

Procaryotau yw bacteria, ac mae eu cellfuriau wedi'u gwneud o beptidoglycan. Mae'r rhain yn eu hamddiffyn nhw rhag lysu mewn hydoddiannau hypotonig.

Mae staen Gram yn golygu trin y bacteria gyda nifer o adweithyddion mewn dilyniant penodol: (1) fioled grisial, (2) ïodin Gram, (3) alcohol, (4) saffranin (Ffigur 4.2).

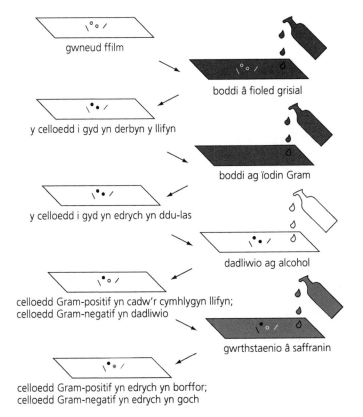

Ffigur 4.2 Techneg staenio Gram

Mae gan facteria Gram-positif gellfuriau sy'n cynnwys haen fwy trwchus o beptidoglycan na chellfuriau bacteria Gram-negatif (Ffigur 4.3). Mae'r cymhlygyn fioled grisial/ïodin yn aros yn yr haen drwchus o beptidoglycan hyd yn oed ar ôl i'r bacteria gael eu golchi ag alcohol. Mae hyn yn golygu bod cellfuriau bacteria Gram-positif yn edrych yn borffor pan fyddwn ni'n edrych arnyn nhw o dan y microsgop.

Mae gan facteria Gram-negatif gellfuriau â haen deneuach o beptidoglycan na chellfuriau bacteria Gram-positif. Mae ganddyn nhw hefyd haen allanol ychwanegol o bilen lipopolysacarid. Mae'r cymhlygyn fioled grisial/ïodin yn staenio'r haen allanol hon. Mae ychwanegu'r alcohol yn hydoddi'r bilen lipopolysacarid allanol, gan gael gwared ar y cymhlygyn fioled grisial/ïodin. Mae hyn yn datgelu'r haen peptidoglycan denau, sy'n cael ei staenio'n goch gan y gwrthstaen saffranin.

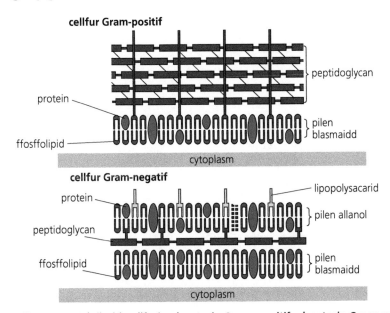

Ffigur 4.3 Adeiledd cellfuriau bacteria Gram-positif a bacteria Gram-negatif

Mae angen amodau addas i dyfu micro-organebau yn y labordy

Mae angen gwahanol amodau ar wahanol rywogaethau bacteria

ADOLYGU

Bydd bacteria yn tyfu dros amrediad o pH a thymereddau, ac yn tyfu gyflymaf ar werthoedd optimwm o fewn yr amrediadau hyn.

Dyma rai o'r amodau sydd eu hangen ar ficro-organebau:

+ tymheredd addas
+ pH addas
+ cyflenwad maetholion, gan gynnwys ffynonellau carbon a nitrogen
+ cyflenwad dŵr

Mae'r maetholion yn cael eu cyflenwi gan y cyfrwng y mae'r micro-organebau yn tyfu arno. Fel rheol, ffynhonnell y carbon yw cyfansoddion organig fel glwcos. Mae ffynhonnell y nitrogen yn gallu bod yn gyfansoddion nitrogen anorganig neu organig. Bydd y cyfrwng maetholion hefyd yn cynnwys ffactorau twf fel fitaminau a halwynau mwynol.

+ Aerobau anorfod yw micro-organebau; mae angen ocsigen arnyn nhw ar gyfer metabolaeth, felly dim ond ym mhresenoldeb ocsigen maen nhw'n tyfu.
+ Anaerobau anorfod yw micro-organebau sydd ond yn gallu metaboleiddio yn absenoldeb ocsigen.
+ Anaerobau amryddawn yw micro-organebau sy'n gallu tyfu yn absenoldeb ocsigen, ond yn tyfu'n well ym mhresenoldeb ocsigen.

Cyngor

Byddwch yn ofalus wrth drafod aerobau anorfod ac anaerobau anorfod. Chewch chi ddim marciau am ddweud mai dim ond mewn amodau aerobig y bydd aerobau anorfod yn tyfu – rhaid i chi nodi bod hyn yn golygu bod ocsigen yn bresennol.

Profi eich hun

PROFI

1 Beth yw'r gwahaniaeth rhwng adeiledd cellfur bacteriwm Gram-positif ac adeiledd cellfur bacteriwm Gram-negatif?

2 Ym mha amodau mae anaerobau anorfod yn gallu tyfu?

3 Pa siâp yw coci?

4 Rhowch ddwy enghraifft o faetholion sydd eu hangen ar facteria ac sy'n rhan o gyfrwng meithrin.

Mae'n bwysig defnyddio technegau aseptig (di-haint)

ADOLYGU

Mae technegau aseptig yn atal y microbau sy'n cael eu meithrin rhag halogi'r amgylchedd, ac yn atal microbau o'r amgylchedd rhag halogi'r meithriniadau.

Un o elfennau allweddol technegau aseptig yw diheintio'r cyfarpar a'r cyfryngau sy'n cael eu defnyddio. Y ddwy brif ffordd o wneud hyn yw drwy ddefnyddio gwres ac arbelydriad.

Technegau aseptig
Gweithdrefnau rydyn ni'n eu defnyddio i atal halogiad.

Gwres

+ Dyfais sy'n gallu gwresogi cyfarpar dan wasgedd yw ffwrn aerglos. Dylid rhoi cyfarpar yn y ffwrn aerglos ar 121°C am 15 munud.
+ Wrth weithio gyda micro-organebau, gallwn ni fflamio cyfarpar fel y ddolen inocwleiddio drwy ei rhoi hi drwy fflam llosgydd Bunsen (Ffigur 4.4).

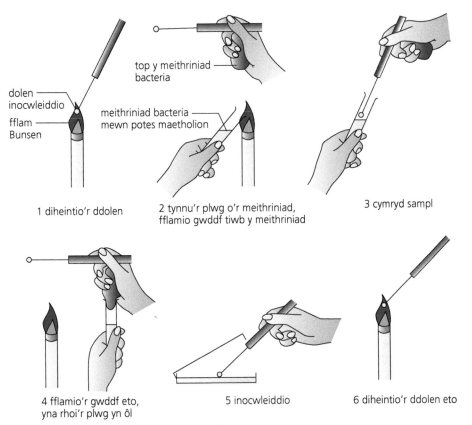

top y meithriniad bacteria

dolen inocwleiddio

fflam Bunsen

meithriniad bacteria mewn potes maetholion

1 diheintio'r ddolen

2 tynnu'r plwg o'r meithriniad, fflamio gwddf tiwb y meithriniad

3 cymryd sampl

4 fflamio'r gwddf eto, yna rhoi'r plwg yn ôl

5 inocwleiddio

6 diheintio'r ddolen eto

Ffigur 4.4 Techneg aseptig i drosglwyddo micro-organebau

Arbelydriad

+ Gallwn ni ddiheintio cyfarpar ar ôl ei ddefnyddio drwy ei arbelydru â phelydrau gama.

Gallwn ni gyfrif bacteria mewn nifer o ffyrdd

ADOLYGU

Mae cyfrifon bacteria yn gallu bod yn gyfrifon cyfanswm neu'n gyfrifon hyfyw:
+ Mae cyfrifon cyfanswm yn cyfeirio at facteria byw a bacteria marw.
+ Dim ond bacteria byw y mae cyfrifon hyfyw yn eu cyfrif.

Mae cyfrif cyfanswm yn broses gyflymach a symlach, ond mae'n gallu rhoi amcangyfrif rhy uchel o nifer y bacteria. Mae tyrbidimetreg yn enghraifft o ddull cyfrif cyfanswm. Mae'r golau sy'n cael ei amsugno gan facteria mewn hydoddiant yn cael ei fesur a'i gymharu â gwerthoedd cyfeirio i ganfod nifer y bacteria yn y sampl. Gallwn ni wneud cyfrifon hyfyw drwy dyfu bacteria a phlatio gwanediad.

Wrth wneud cyfrif cyfanswm a chyfrif hyfyw, fel rheol bydd meithriniad y sampl gwreiddiol yn cynnwys nifer mawr iawn o facteria. Gallwn ni gynnal gwanediadau cyfresol i gynhyrchu sampl â nifer o facteria y mae'n bosibl ei gyfrif.

Rydyn ni'n rhoi sampl o'r gwanediad cyfresol ar blatiau agar. Rydyn ni'n magu'r platiau ar 25°C am 24–48 awr. Dydyn ni ddim yn meithrin y platiau ar 37.5°C gan mai hwn yw'r tymheredd optimwm ar gyfer bacteria pathogenaidd dynol. Pe bai'r rhain wedi halogi'r plât, bydden nhw'n tyfu.

Ar ôl magu, bydd nifer o gytrefi i'w gweld. Rydyn ni'n tybio bod pob cell bacteria hyfyw a oedd ar y plât cyn dechrau magu wedi tyfu i ffurfio cytref. Felly, mae cyfrif nifer y cytrefi yn rhoi nifer y bacteria hyfyw yn y sampl gwreiddiol.

Os nad yw'r sampl wedi'i wanedu ddigon, mae clympio yn gallu digwydd. Mae hyn yn golygu bod y bacteria mor agos at ei gilydd ar y plât agar gwreiddiol nes bod cytrefi wedi uno â'i gilydd. Bydd hyn yn golygu bod yr amcangyfrif o nifer y bacteria yn y sampl gwreiddiol yn rhy isel.

Wrth wneud gwanediad cyfresol, ar bob cam gwanedu rydyn ni'n tybio bod cyfran y bacteria sy'n cael eu trosglwyddo yn hafal i'r ffactor gwanedu; mae

Agar Cyfrwng maetholion tebyg i jeli, sydd wedi'i wneud o algâu.

Clympio Dwy neu fwy o gytrefi sy'n tyfu ar blât agar yn uno â'i gilydd.

29

hyn yn golygu bod pob cam gwanedu yn ffynhonnell ansicrwydd. Felly, wrth wneud cyfrif hyfyw, y plât gwanediad lleiaf gwanedig heb ddim clympio fydd y plât mwyaf cynrychioladol, ac felly y gorau i'w ddefnyddio o safbwynt ystadegol.

Sgiliau mathemategol

Ffurf safonol

Wrth drafod bioleg, rydyn ni'n aml yn defnyddio rhifau mawr iawn neu rifau bach iawn. Yn hytrach nag ysgrifennu'r rhifau hyn â sawl sero cyn neu ar ôl y pwynt degol, gallwn ni ddefnyddio ffurf safonol (neu nodiant gwyddonol) i gyflwyno'r rhifau'n fwy cryno.

Mae pŵer (neu esbonydd) positif yn golygu lluosi â'r pŵer 10 hwnnw. Gallwch chi feddwl am hyn fel lluosi â 10 yr un nifer o weithiau â'r pŵer. Er enghraifft:

$$1 \times 1000 = 1 \times 10^3 = 1 \times 10 \times 10 \times 10$$

Wrth gynrychioli rhifau sy'n llai nag 1 ar ffurf safonol, rydyn ni'n cael pwerau negatif. Gallwch chi feddwl am hyn fel rhannu â 10 yr un nifer o weithiau â'r pŵer. Er enghraifft:

$$0.1 = \frac{1}{10} = 1 \times 10^{-1}$$

Cwestiwn ymarfer

1   Yn ystod dadansoddiad o nifer y bacteria mewn sampl o ddŵr afon, mae 36 000 o facteria yn cael eu canfod mewn 1 cm³ o ddŵr yr afon. Faint o facteria fyddai mewn 100 cm³ o ddŵr yr afon? Rhowch eich ateb ar ffurf safonol.

Cyngor

Wrth ddefnyddio ffurf safonol, cofiwch y dylai'r cyfanrif cyntaf fod rhwng 1 a 10; er enghraifft, rydyn ni'n ysgrifennu 11 000 fel 1.1×10^4 nid 11×10^3.

Gweithgaredd adolygu

Crëwch siart llif o gamau allweddol platio gwanediadau. Anodwch y siart llif i esbonio pwysigrwydd pob cam yn llawn.

Sgiliau ymarferol

Ymchwilio i niferoedd bacteria mewn llaeth

Yn yr ymchwiliad hwn, byddwch chi'n defnyddio cyfrif hyfyw i ganfod nifer y bacteria mewn sampl o laeth. Cam cyntaf y dasg ymarferol yw paratoi gwanediadau o'r llaeth i roi nifer o facteria sy'n addas i'w gyfrif (Ffigur 4.5). Mae'n bwysig iawn gwneud yn siŵr eich bod chi'n defnyddio technegau aseptig drwy gydol y dasg ymarferol.

+ Trosglwyddwch 9.9 cm³ o ddŵr i bum tiwb profi neu botel ddi-haint.
+ Trosglwyddwch 0.1 cm³ o'r sampl llaeth i'r tiwb cyntaf a'i gymysgu. Rydych chi nawr wedi cynhyrchu gwanediad 10⁻².
+ Trosglwyddwch 0.1 cm³ o'r gwanediad 10⁻² i'r ail diwb a'i gymysgu. Rydych chi nawr wedi cynhyrchu gwanediad 10⁻⁴.
+ Daliwch i ddilyn y broses hon nes eich bod chi wedi cynhyrchu gwanediad 10⁻¹⁰ (Ffigur 4.5).
+ Trosglwyddwch 1 cm³ o bob gwanediad i agar MRS tawdd.
+ Rhowch y cymysgedd o'r sampl a'r agar mewn dysgl Petri a chwyrlïo'r ddysgl fel bod y sampl wedi'i wasgaru'n dda a gwaelod y ddysgl Petri wedi'i orchuddio ag agar.

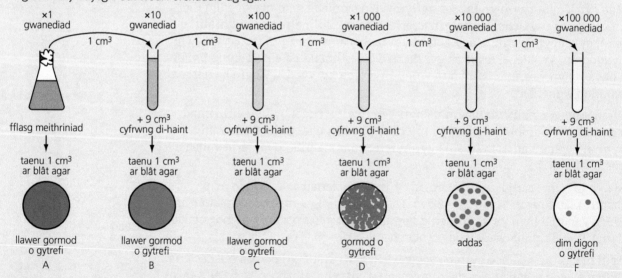

Ffigur 4.5 Mae modd platio gwanediadau â gwanediad 1/10 hefyd

+ Defnyddiwch groes o dâp gludiog i dapio caead y ddysgl Petri at y gwaelod. Peidiwch â selio'r caead at y ddysgl yn llwyr.
+ Ar ôl i'r agar galedu, labelwch y ddysgl a'i magu hi ar 25°C am 5 diwrnod.
+ Dewiswch y plât lleiaf gwanedig heb ddim clympio i'w weld arno a chyfrif nifer y cytrefi.
+ Defnyddiwch nifer y cytrefi i gyfrifo nifer y bacteria yn y sampl gwreiddiol.
+ Ailadroddwch y broses uchod gan ddefnyddio hen laeth. Cymharwch niferoedd y bacteria mewn llaeth ffres a hen laeth.

Gallwch chi wirio eich atebion yma: **www.hoddereducation.co.uk/fynodiadauadolygu**

Profi eich hun

5 Pa dybiaeth rydyn ni'n ei gwneud am y cytrefi sy'n cael eu cynhyrchu wrth blatio gwanediadau?

6 Beth yw'r gwahaniaeth rhwng cyfrif hyfyw a chyfrif cyfanswm?

7 Sut gallwn ni ddefnyddio arbelydriad i ddiheintio cyfarpar?

Crynodeb

Dylech chi allu:

+ Esbonio sut i ddosbarthu bacteria yn ôl eu siâp ac yn ôl eu hadwaith i'r staen Gram.
+ Esbonio'r amodau sydd eu hangen i dyfu a meithrin bacteria yn y labordy.
+ Disgrifio technegau aseptig a'u pwysigrwydd.
+ Esbonio'r dulliau rydyn ni'n eu defnyddio i gyfrif bacteria.

Cwestiynau enghreifftiol

1 Mae ymchwiliad yn cael ei gynnal i adnabod bacteria. Mae'r ymchwilydd yn ysgrifennu yn ei nodiadau:

'Bacteria sfferig sydd wedi'u staenio'n goch ar ôl staen Gram'.

a Esboniwch pa gasgliad gallwn ni ei ffurfio am y bacteria o'r nodiadau uchod. [3]

Mae hi'n bosibl meithrin y bacteria mewn amodau anaerobig. Mae un o'r ymchwilwyr yn dod i'r casgliad bod y bacteria hyn yn anaerobau anorfod.

b Gwerthuswch y casgliad hwn. [3]

c Mae'r bacteria'n tyfu'n araf iawn wrth gael eu meithrin o dan 15°C a dros 40°C. Awgrymwch pa waith pellach y gellid ei wneud i ganfod tymheredd optimwm y bacteria. [3]

2 a Sleid microsgop y gallwn ni ei ddefnyddio i gyfrif bacteria yw haemocytomedr; yn gyffredinol, mae'n rhoi amcangyfrifon rhy uchel o faint gwirioneddol poblogaethau bacteria. Awgrymwch reswm dros hyn. [2]

b Esboniwch sut mae clympio yn gallu arwain at amcangyfrif rhy isel o niferoedd bacteria wrth blatio gwanediadau. [2]

c Esboniwch sut gallwn ni ddefnyddio ffwrn aerglos i atal ymchwiliad ymarferol microbiolegol rhag halogi'r amgylchedd. [3]

Mae'r testun hwn yn rhoi sylw i amrywiaeth eang o wahanol elfennau ecoleg. Bydd y geiriau allweddol yn Nhabl 5.1 yn bwysig drwy'r testun i gyd.

Tabl 5.1 Termau ecoleg allweddol

Gair allweddol	Diffiniad
Ecoleg	Astudio'r perthnasoedd rhwng organebau a'u hamgylchoedd ffisegol
Ecosystem	Cymuned nodweddiadol o rywogaethau cyd-ddibynnol a'u cynefin
Poblogaeth	Grŵp o'r un rhywogaeth sy'n rhyngfridio mewn ardal
Cymuned	Yr holl boblogaethau mewn ardal
Cynefin	Lle mae organeb yn byw
Ffactorau anfiotig	Ffactorau anfyw sy'n effeithio ar organeb, fel tymheredd yr aer a faint o ddŵr sydd ar gael
Ffactorau biotig	Ffactorau byw sy'n effeithio ar organeb, fel ysglyfaethu a chlefydau
Cilfach	Swyddogaeth organeb mewn ecosystem

Mae ecosystemau'n ddynamig ac felly'n gallu newid

Bydd nifer yr organebau mewn poblogaeth yn newid

Mae i ba raddau bydd poblogaeth yn anwadalu mewn ecosystem yn dibynnu ar amrywiaeth o ffactorau, gan gynnwys cyfraddau genedigaethau neu gynhyrchu, cyfraddau marwolaethau, mewnfudo ac allfudo.

Bydd poblogaethau yn cynyddu os yw:

cyfradd genedigaethau + mewnfudo > cyfradd marwolaethau + allfudo

Bydd poblogaethau yn lleihau os yw:

cyfradd marwolaethau + allfudo > cyfradd genedigaethau + mewnfudo

Mewnfudo Organebau yn symud i mewn i boblogaeth yn barhaol.

Allfudo Organebau yn gadael poblogaeth yn barhaol.

> **Cyngor**
>
> Mae'n bwysig defnyddio terminoleg briodol yn eich atebion wrth drafod poblogaethau. Er enghraifft, wrth drafod poblogaethau micro-organebau peidiwch â sôn am gyfradd genedigaethau oherwydd dydy micro-organebau ddim yn cael eu geni; defnyddiwch y term cyfradd cynhyrchu yn lle.

Mae pedwar cam i gromlin twf poblogaeth safonol

+ Cyfnod oedi – twf poblogaeth isel wrth i'r boblogaeth ei sefydlu ei hun am y tro cyntaf, er enghraifft wrth i ficro-organebau syntheseiddio ensymau i hydrolysu eu ffynhonnell fwyd.
+ Cyfnod log neu esbonyddol – y boblogaeth yn tyfu'n gyflym. Does dim ffactorau cyfyngol ar dwf.
+ Cyfnod digyfnewid – mae twf y boblogaeth yn stopio oherwydd ffactorau cyfyngol. Dyma gynhwysedd cludo'r boblogaeth – y boblogaeth fwyaf y mae'r amgylchedd yn gallu ei chynnal dros amser. Mae'r boblogaeth yn aros yn sefydlog, gan anwadalu o gwmpas pwynt gosod.

Gallwch chi wirio eich atebion yma: **www.hoddereducation.co.uk/fynodiadauadolygu**

+ Cyfnod marw – mae rhai poblogaethau, yn enwedig micro-organebau, yn gallu mynd i gyfnod marw lle mae ffactorau cyfyngol, fel y maetholion sydd ar gael a gwastraff gwenwynig yn cronni, yn achosi i'r boblogaeth leihau (Ffigur 5.1).

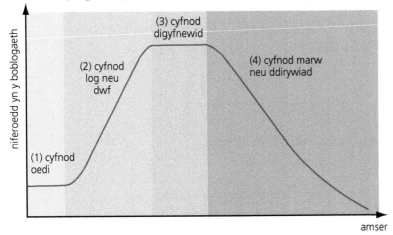

Ffigur 5.1 Cromlin twf poblogaeth meithriniad bacteriol wedi'i dyfu dan amodau labordy

Mae'r cynhwysedd cludo yn gallu dibynnu ar nifer o ffactorau, gan gynnwys y maetholion sydd ar gael ac ysglyfaethu; mae'r rhain yn ddwy enghraifft o ffactorau dwysedd-ddibynnol.

Mae ffactorau eraill dwysedd-ddibynnol yn cynnwys:
+ clefydau a pharasitedd
+ gwastraff gwenwynig yn cronni

Mae ffactorau dwysedd-annibynnol yn gallu arwain at chwalfa poblogaeth. Mae ffactorau dwysedd-annibynnol yn cynnwys:
+ llifogydd
+ rhewi
+ tanau

> **Ffactor dwysedd-ddibynnol** Ffactor sy'n cael mwy o effaith wrth i faint y boblogaeth gynyddu.
>
> **Ffactor dwysedd-annibynnol** Ffactor sy'n cael yr un effaith beth bynnag yw maint y boblogaeth.

Sgiliau mathemategol

Graddfeydd logarithmig

Mae graddfa logarithmig yn raddfa aflinol sy'n ddefnyddiol i gynrychioli data os yw'r amrediad o werthoedd yn fawr iawn (dros lawer o drefnau maint). Mae graddfeydd logarithmig fel rheol yn defnyddio logarithmau bôn 10 (sef logarithmau cyffredin), felly bydd pwerau o 10 wedi'u marcio ar hyd echelin fertigol y graff.

Mae graddfeydd logarithmig yn ddefnyddiol i blotio cromliniau twf poblogaethau microbau. Yn yr enghraifft yn Ffigur 5.2 mae hi'n bosibl plotio maint poblogaeth ag amrediad o 2 i dros 2 biliwn.

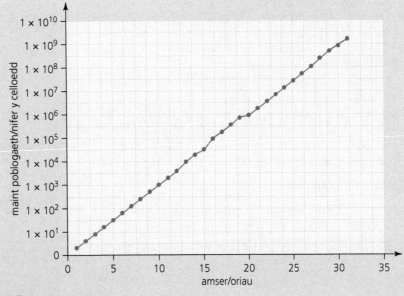

Ffigur 5.2

Enghraifft wedi'i datrys

Beth oedd twf y boblogaeth rhwng 10 awr ac 16 awr?

Ateb

twf y boblogaeth = $1 \times 10^5 - 1 \times 10^3 = 100\,000 - 1000 = 99\,000$ cell

Cwestiwn ymarfer

1 Edrychwch ar Ffigur 5.2. Beth oedd cyfradd twf y boblogaeth rhwng 20 awr a 30 awr?

Ysgrifennwch eich ateb ar ffurf safonol, gydag unedau priodol.

1 Pa gyfnod sy'n dilyn cyfnod log y gromlin twf poblogaeth?

2 Beth yw'r term ar gyfer maint mwyaf y boblogaeth y mae amgylchedd yn gallu ei chynnal dros amser?

3 Os yw cyfradd genedigaethau poblogaeth + mewnfudo yn fwy na chyfradd marwolaethau + allfudo, beth fydd yn digwydd i faint poblogaeth?

4 Beth yw'r term ar gyfer grŵp o'r un rhywogaeth sy'n rhyngfridio mewn ardal?

Sgiliau ymarferol

Ymchwiliad i doreithrwydd a dosbarthiad planhigion mewn cynefin

Mae nifer o wahanol ffyrdd o gwblhau'r dasg ymarferol hon, gan gynnwys canfod gorchudd canrannol neu ddwysedd rhywogaeth.

Wrth fesur gorchudd canrannol, dylech chi fesur arwynebedd y cwadrad sydd wedi'i lenwi gan unigolion o rywogaeth benodol. Mae'r mesur hwn yn arbennig o ddefnyddiol ar gyfer rhywogaethau â niferoedd uchel iawn, fel gweiriau.

Gallwch chi hefyd gofnodi dwysedd rhywogaeth, sef nifer yr unigolion o rywogaeth benodol i bob uned arwynebedd. I wneud hyn, mae angen cyfrif nifer yr unigolion o'r planhigyn dan sylw sydd yn y cwadrad.

Hapsamplu

Os ydych chi'n samplu ardal lle mae'r newidynnau anfiotig yn unffurf, gallwch chi ddefnyddio hapsamplu.

✚ Defnyddiwch ddau dâp mesur i fesur arwynebedd samplu addas (e.e. 10m wrth 10m). Bydd angen i chi osod eich cwadrad ar hap yn yr arwynebedd hwn. Dychmygwch fod yr arwynebedd wedi'i rannu'n sgwariau 1m × 1m.

✚ Ewch ati i ddefnyddio generadur haprifau (random number generator) i roi dau rif rhwng 1 a 10. Defnyddiwch y rhifau hyn fel cyfesurynnau ar y grid.

✚ Rhowch y cwadrad yng nghornel y pwyntiau hyn.

✚ Darganfyddwch naill ai dwysedd y rhywogaeth neu'r gorchudd canrannol.

Trawsluniau

Os ydych chi'n ymchwilio i effaith graddiant amgylcheddol ar ddosbarthiad organeb, dylech chi ddefnyddio trawslun.

✚ Dewiswch safle sy'n dangos graddiant amgylcheddol amlwg (e.e. arddwysedd golau mewn coedwig â rhan gysgodol a rhan fwy agored).

✚ Gosodwch dâp mesur (e.e. 20m) mewn llinell syth ar hyd y graddiant rydych chi wedi'i nodi. Hwn fydd eich trawslun.

✚ Dewiswch rywogaeth sy'n ymddangos fel bod ei thoreithrwydd yn amrywio ar hyd y trawslun.

✚ Mesurwch y graddiant amgylcheddol (e.e. defnyddio mesurydd golau i fesur arddwysedd golau ar lefel y ddaear yn rheolaidd ar hyd y trawslun).

✚ Gosodwch gwadradau yn rheolaidd ar hyd y trawslun a'u defnyddio nhw i ganfod naill ai dwysedd y rhywogaeth neu'r gorchudd canrannol.

Cwestiwn ymarfer

2 Mae'r tabl isod yn dangos canlyniadau arolwg i orchudd canrannol rhywogaeth planhigyn mewn ardal.

Ardal arolwg	Gorchudd canrannol rhywogaethau planhigion/%			Cymedr	Gwyriad safonol
	Cwadrad 1	Cwadrad 2	Cwadrad 3		
1	75	0	30		37.75

a A oedd ffactorau anfiotig yn unffurf yn yr ardal hon, neu a oedd graddiant amgylcheddol yno? Esboniwch eich ateb.

b Cyfrifwch y gwerth cymedrig coll.

c Gwerthuswch y canlyniadau ac awgrymwch welliant.

Mae ecosystemau'n cynnwys organebau a'u hamgylcheddau

Cymuned nodweddiadol o rywogaethau cyd-ddibynnol a'u cynefin yw ecosystem, a'r cyfan yn rhyngweithio fel system.

Yr Haul yw ffynhonnell egni y rhan fwyaf o ecosystemau'r Ddaear

ADOLYGU

Mae egni golau o'r Haul yn cael ei ddal drwy gyfrwng ffotosynthesis gan organebau ffotosynthetig fel planhigion ac algâu. Mae rhai ecosystemau wedi'u seilio ar gemosynthesis, er enghraifft rhai o gwmpas agorfeydd hydrothermol.

Cysylltiadau

Mae cynhyrchwyr yn enghreifftiau o awtotroffau. Mae planhigion ac algâu yn ffotoawtotroffau ac mae bacteria cemosynthetig yn gemoawtotroffau.

Mae egni'n symud drwy gadwynau bwydydd i fyny lefelau troffig

ADOLYGU

Lefelau troffig yw'r lefelau bwydo mewn cadwyn fwyd. Yn y lefel droffig gyntaf mae'r cynhyrchwyr cynradd, fel planhigion. Mae'r lefel droffig nesaf yn cynnwys yr ysyddion cynradd – dyma'r llysysyddion sy'n bwydo ar gynhyrchwyr cynradd. Mae ysyddion eilaidd, sy'n gigysyddion, yn bwydo ar ysyddion cynradd. Ar bob lefel droffig, mae egni'n cael ei golli (Ffigur 5.3).

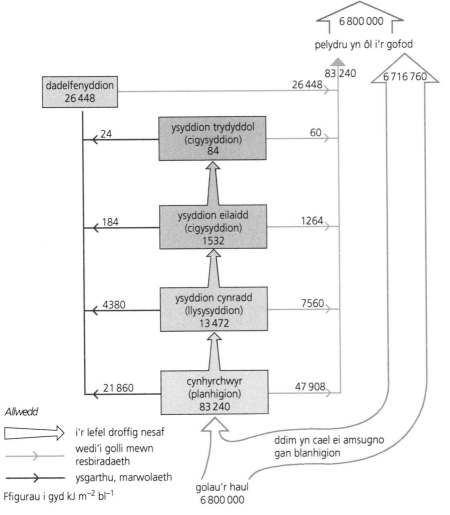

Ffigur 5.3 Llif egni drwy ecosystem

Gallwn ni ddefnyddio pyramidiau i gynrychioli llif egni drwy ecosystem (Ffigur 5.4).

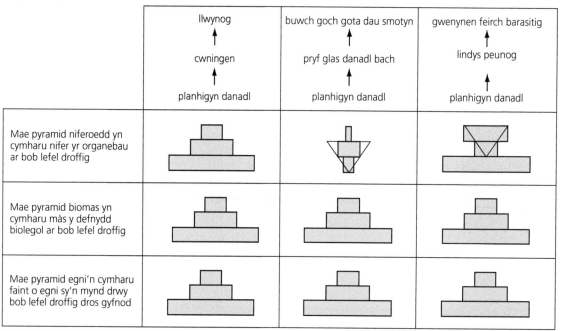

Ffigur 5.4 Pyramidiau ecolegol

Cynhyrchedd cynradd crynswth yw cyfradd cynhyrchu egni mewn cemegion organig drwy gyfrwng ffotosynthesis

Gallwn ni fesur cynhyrchedd cynradd crynswth (CCC/GPP: *Gross primary productivity*) mewn $kJm^{-2}blwyddyn^{-1}$.

Cynhyrchedd cynradd net (CCN/NPP: *Net primary productivity*) yw cynhyrchedd cynradd crynswth tynnu'r egni sy'n cael ei ddefnyddio ar gyfer resbiradaeth (R).

CCN = CCC − R

Mae CCN yn mesur yr egni cemegol potensial sydd ar gael i heterotroffau mewn ecosystemau.

Sgiliau mathemategol

Enghraifft wedi'i datrys

Mae CCC coedwig dymherus yn $75000kJm^{-2}blwyddyn^{-1}$. Mae'r cynhyrchwyr yn defnyddio $8000kJm^{-2}blwyddyn^{-1}$ wrth resbiradu. Faint o egni sydd ar gael i heterotroffau yn y goedwig?

Ateb

CCN = CCC − R

CCN = $75\,000 − 8000 = 67\,000\,kJm^{-2}blwyddyn^{-1}$

Cwestiwn ymarfer

3 Mae CCN darn o laswelltir yn $19\,000\,kJm^{-2}blwyddyn^{-1}$. Mae $5600\,kJm^{-2}blwyddyn^{-1}$ yn cael ei ddefnyddio wrth resbiradu. Cyfrifwch CCC y glaswelltir.

Mae cymunedau'n newid dros amser

Mae olyniaeth gynradd yn digwydd ar dir noeth

Olyniaeth yw'r newid i adeiledd cymuned a chyfansoddiad ei rhywogaethau dros amser. Mae olyniaeth gynradd yn digwydd ar dir noeth sydd ddim wedi cael ei gytrefu o'r blaen. Ser yw'r enw ar bob cam olyniaeth. Mae Ffigur 5.5 yn dangos enghraifft o olyniaeth.

Gallwch chi wirio eich atebion yma: **www.hoddereducation.co.uk/fynodiadauadolygu**

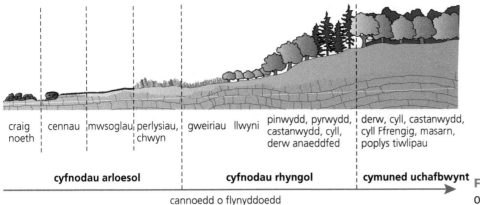

| craig noeth | cennau | mwsoglau | perlysiau, chwyn | gweiriau | llwyni | pinwydd, pyrwydd, castanwydd, cyll, derw anaeddfed | derw, cyll, castanwydd, cyll Ffrengig, masarn, poplys tiwlipau |

cyfnodau arloesol   **cyfnodau rhyngol**   **cymuned uchafbwynt**

cannoedd o flynyddoedd

Ffigur 5.5 Enghraifft o olyniaeth ecolegol

Mae pob ser yn newid yr amgylchedd, gan greu'r amodau ar gyfer y ser nesaf

ADOLYGU

Pan mae gwair yn marw ac yn dadelfennu, mae hyn yn cynyddu crynodiad nitrad yn y pridd, sydd yna'n caniatáu i blanhigion mwy cymhleth fel llwyni dyfu. Yna, mae'r organebau yn y ser nesaf yn cystadlu'n well na'r organebau yn y ser blaenorol – er enghraifft, mae'r llwyni'n atal y golau rhag cyrraedd y gwair. Gan fod y gwair a'r llwyni'n rhywogaethau gwahanol, mae hyn yn enghraifft o gystadleuaeth ryngrywogaethol. Wrth i olyniaeth ddigwydd, mae amrywiaeth rhywogaethau yn cynyddu ac mae'r gymuned yn mynd yn fwy sefydlog. Mae olyniaeth yn parhau nes bod cymuned uchafbwynt yn ffurfio. Mae hon yn gymuned sefydlog, hirdymor.

Mae mewnfudo'n bwysig i olyniaeth – mae angen i rywogaethau newydd symud i mewn i'r ardal i'w chytrefu hi. Mae organebau eraill yn gallu hwyluso hyn, er enghraifft anifeiliaid yn cludo hadau.

Mae olyniaeth eilaidd yn digwydd mewn ardal sydd wedi cynnal cymuned o'r blaen. Os caiff y gymuned ei dileu, er enghraifft gan dân coedwig, ond bod y pridd yn dal i fod yno, mae olyniaeth eilaidd yn gallu digwydd.

Mae maetholion yn cael eu hailgylchu

Mae detritysyddion a micro-organebau saprotroffig yn bwysig i ailgylchu maetholion mewn ecosystemau.

Mae'r gylchred garbon a'r gylchred nitrogen yn ddwy enghraifft o gylchredau maetholion.

Carbon yw prif gydran cyfansoddion biolegol

ADOLYGU

Mae Ffigur 5.6 yn dangos y gylchred garbon.

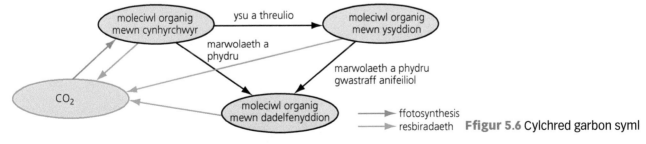

Ffigur 5.6 Cylchred garbon syml

Mae nifer o weithgareddau pobl yn dylanwadu ar y gylchred garbon. Dyma rai ohonyn nhw:
+ datgoedwigo, sy'n golygu bod llai o ffotosynthesis yn digwydd
+ pobl yn hylosgi tanwyddau ffosil a biomas, sy'n rhyddhau carbon deuocsid i'r atmosffer

Mae cynnydd mewn carbon deuocsid yn yr atmosffer yn cynyddu'r effaith tŷ gwydr

ADOLYGU

Bydd effaith tŷ gwydr gryfach, wedi'i hachosi gan gynnydd yng nghrynodiad y carbon deuocsid yn yr atmosffer, yn arwain at newid hinsawdd. Gallai newid hinsawdd arwain at newidiadau i ddosbarthiad rhywogaethau ac achosi difodiant. Bydd hefyd yn creu'r angen i ni newid arferion ffermio.

Mae ôl troed carbon yn ffordd o fesur sut gallai unigolyn, cynnyrch neu wasanaeth fod yn cyfrannu at newid hinsawdd. Yr ôl troed carbon yw cyfanswm y carbon deuocsid sy'n cael ei ryddhau o ganlyniad i weithredoedd unigolyn, cynnyrch neu wasanaeth.

Profi eich hun

PROFI

5 Sut mae CCC yn wahanol i CCN?

6 Beth yw enw'r lefel droffig gyntaf mewn cadwyn fwyd?

7 Beth yw enwau camau olyniaeth?

8 Beth yw cam olaf olyniaeth?

Mae nitrogen hefyd yn cylchredeg mewn ecosystemau

ADOLYGU

+ Nwy nitrogen yw prif gydran yr atmosffer. Fodd bynnag, dydy'r rhan fwyaf o organebau byw ddim yn gallu ei ddefnyddio gan ei fod yn anadweithiol iawn.
+ Mae bacteria sefydlogi nitrogen yn gallu sefydlogi nwy nitrogen i ffurfio cyfansoddion (Ffigur 5.7).
+ Mae *Azotobacter* yn facteriwm sefydlogi nitrogen sy'n byw'n rhydd yn y pridd.
+ Mae *Rhizobium* yn facteriwm sefydlogi nitrogen cydymddibynnol. Mae'n byw yng ngwreiddgnepynnau planhigion codlysol.
+ Mae dadelfenyddion yn **amoneiddio**, yn trawsnewid yr asidau amino a'r niwcleotidau yn yr organebau marw yn amonia.
+ Mae bacteria nitreiddio yn trawsnewid amonia yn nitreidiau ac yna'n nitradau yn ystod proses **nitreiddiad**. Mae *Nitrosomonas* yn trawsnewid amonia yn nitreidiau ac mae *Nitrobacter* yn trawsnewid nitreidiau yn nitradau.
+ Yna, bydd planhigion yn gallu derbyn amonia ac ïonau nitrad.
+ Mae'r planhigyn yn defnyddio'r ïonau hyn i gynhyrchu asidau amino, niwcleotidau a chloroffyl. Mae'n defnyddio'r asidau amino i syntheseiddio proteinau a'r niwcleotidau i syntheseiddio asidau niwclëig.
+ Mae anifeiliaid yn ennill cyfansoddion sy'n cynnwys nitrogen drwy fwyta planhigion.
+ Mae dadnitreiddiad hefyd yn gallu digwydd yn y pridd wrth i facteria dadnitreiddio anaerobig drawsnewid nitreidiau yn nwy nitrogen.

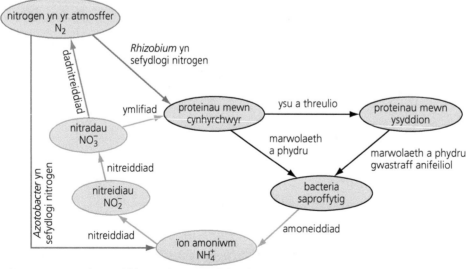

Ffigur 5.7 Pwysigrwydd bacteria yn y gylchred nitrogen

Gallwch chi wirio eich atebion yma: **www.hoddereducation.co.uk/fynodiadauadolygu**

Mae dadnitreiddiad yn digwydd mewn amodau anaerobig

ADOLYGU

Gan fod dadnitreiddiad yn digwydd mewn amodau anaerobig, mae'n bwysig bod ffermwyr yn sicrhau bod y pridd yn aros yn aerobig. Gall ffermwyr gynnal amodau aerobig mewn nifer o ffyrdd, gan gynnwys:

+ aredig
+ draenio pridd dwrlawn

Gall ffermwyr hefyd gynyddu lefelau nitradau yn y pridd drwy wneud y canlynol:

+ plannu codlysiau
+ defnyddio gwrteithiau artiffisial a thail neu slyri

Mae defnyddio gwrteithiau sy'n cynnwys nitrogen yn gallu arwain at nifer o effeithiau niweidiol ar ecosystemau dyfrol a daearol. Dyma rai ohonyn nhw:

+ lleihau amrywiaeth rhywogaethau ar laswelltiroedd amaethyddol
+ niwed i gynefinoedd oherwydd cloddio ffosydd draenio; mae hyn yn arwain at leihau bioamrywiaeth
+ nitradau'n trwytholchi i afonydd a dyfrffyrdd eraill, sy'n gallu arwain at ewtroffigedd

Mae ewtroffigedd yn digwydd pan mae gwrtaith sy'n cynnwys nitrad yn mynd i mewn i ddyfrffordd

ADOLYGU

+ Mae llygredd nitrad yn achosi i algâu dyfu'n gyflym, gan ffurfio blŵm algaidd; cyn y llygredd byddai twf yr algâu wedi'i gyfyngu gan grynodiad y nitradau yn y dŵr.
+ Mae'r blŵm algaidd yn rhwystro golau rhag cyrraedd planhigion sy'n tyfu ar waelod yr afon neu'r pwll, felly maen nhw'n marw. Mae bywyd yr algâu yn fyr, felly maen nhw hefyd yn marw.
+ Mae bacteria'n dadelfennu'r algâu a'r planhigion. Mae gan y bacteria alw uchel am ocsigen biolegol. Mae hyn yn golygu bod y bacteria'n defnyddio'r holl ocsigen yn y dŵr yn gyflym.
+ Mae hyn yn achosi i anifeiliaid dyfrol farw ac yn arwain at dwf bacteria anaerobig (Ffigur 5.8).

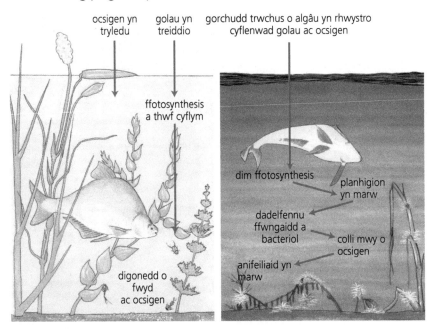

Ffigur 5.8 Effeithiau ewtroffigedd

Gweithgaredd adolygu

Crëwch ddiagram llif mawr i ddangos y gylchred garbon, y gylchred nitrogen ac ewtroffigedd i gyd gyda'i gilydd ar un ochr o bapur.

Profi eich hun

PROFI

9 Beth yw'r term ar gyfer cyfanswm y carbon deuocsid sy'n cael ei ryddhau o ganlyniad i weithredoedd unigolyn?

10 Enwch ddau fath o facteria sy'n ymwneud â sefydlogi nitrogen.

11 Beth allai ddigwydd i ddyfrffyrdd os ydyn ni'n defnyddio gormod o wrteithiau sy'n cynnwys nitrad?

12 Pa fath o blanhigion y gall ffermwyr eu tyfu i wella lefelau nitrogen yn y pridd?

Crynodeb

Dylech chi allu:

➕ Esbonio sut mae mewnfudo, allfudo, cyfraddau genedigaethau a chyfraddau marwolaethau yn effeithio ar dwf poblogaeth.

➕ Disgrifio siâp cromlin twf poblogaeth ac esbonio'r ffactorau sy'n effeithio arni.

➕ Esbonio sut mae ffactorau dwysedd-ddibynnol a ffactorau dwysedd-annibynnol yn rheoli poblogaethau.

➕ Disgrifio sut gallwn ni ddefnyddio technegau samplu i asesu toreithrwydd a dosbarthiad organebau mewn cynefin.

➕ Esbonio cysyniad ecosystemau a sut mae egni'n cael ei drosglwyddo drwy lefelau troffig.

➕ Disgrifio ac esbonio proses olyniaeth.

Cwestiynau enghreifftiol

1 Mae coedwigoedd hynafol yn ddarnau o goetir sydd wedi bodoli yng Nghymru ers 1600. Mae yna ddeddfau i atal datblygiadau ar goetiroedd hynafol.

Pe bai coetir hynafol yn cael ei glirio ond dim byd yn cael ei adeiladu yno, yn y pen draw byddai coetir yn datblygu yno eto oherwydd olyniaeth.

a Nodwch pa fath o olyniaeth yw hyn. [1]

Mae'r gymuned uchafbwynt sy'n cael ei chynhyrchu o'r math hwn o olyniaeth yn annhebygol o fod yr un fath â'r un sy'n cael ei chynhyrchu gan olyniaeth gynradd yn yr un ardal.

b Awgrymwch reswm dros hyn. [2]

c Awgrymwch beth yw goblygiadau hyn o ran cadwraeth coetiroedd hynafol. [3]

ch Esboniwch sut byddai cael gwared ar y coetir hynafol yn effeithio ar y gylchred garbon. [3]

2 Mae ffermwr yn gwerthuso gwahanol ddulliau o gynyddu cynhyrchedd ei gnydau, gan gynnwys rhoi gwrteithiau sy'n cynnwys nitrad ar y caeau. Hoffai roi gwrtaith sy'n cynnwys nitrad ar ei gaeau. Fodd bynnag, mae rhai o'i gaeau yn agos at ddyfrffyrdd.

a Awgrymwch y problemau ecolegol posibl y gallai hyn ei achosi. [2]

b Mae plannu codlysiau yn rhai o'r caeau yn ddewis arall. Esboniwch sut gallai hyn gynyddu cynhyrchedd y cnydau. [4]

c Mae rhai o gaeau'r ffermwr yn gallu mynd yn ddwrlawn. Un datrysiad i hyn fyddai cloddio ffosydd draenio. Gwerthuswch y datrysiad hwn. [4]

Gallwch chi wirio eich atebion yma: www.hoddereducation.co.uk/fynodiadauadolygu

Gall rhywogaethau fod mewn perygl am lawer o resymau

Gall rhywogaethau fod mewn perygl neu hyd yn oed fynd yn ddiflanedig am y rhesymau canlynol:

+ Dethol naturiol – bydd rhywogaethau sydd wedi addasu i ymdopi â newidiadau i'w hamgylchedd yn cystadlu'n well na rhywogaethau sydd ddim yn gallu ymdopi cystal â newid amgylcheddol.
+ Dinistrio cynefinoedd – mae gweithgareddau bodau dynol yn gallu cael effaith ddinistriol ar gynefin rhywogaeth. Un enghraifft yw datgoedwigo, sef cael gwared ar goed yn barhaol. Gall hyn fod am nifer o resymau, gan gynnwys clirio'r tir i'w ddefnyddio mewn ffordd arall (e.e. amaethyddiaeth neu i ddefnyddio'r pren o'r coed sydd wedi'u torri.) Mae clirio gwrychoedd yn enghraifft arall o fodau dynol yn dinistrio cynefinoedd. Mae gwrychoedd yn gynefinoedd pwysig i nifer o rywogaethau ac yn darparu coridorau bywyd gwyllt, sy'n caniatáu i organebau symud heb orfod mynd ar draws caeau agored lle byddai'n hawdd iddyn nhw gael eu hysglyfaethu. Mae gwrychoedd yn cael eu clirio i greu caeau mwy er mwyn gallu ffermio'n fwy effeithlon.
+ Llygredd – mae bodau dynol yn rhyddhau amrywiaeth eang o lygryddion sy'n gallu effeithio ar organebau. Mae deuffenylau polyclorinedig (PCBs) ac olew yn ddwy enghraifft. Mae PCBs yn llygryddion organig parhaus ag oes hir sy'n wenwynig iawn, felly maen nhw'n aros yn yr amgylchedd am gyfnod hir.
+ Hela a chasglu – mae bodau dynol yn hela llawer o organebau; mae hyn yn cynnwys potsian anghyfreithlon, er enghraifft eliffantod am eu hysgithrau ifori a phangolinod am eu cig a'u cennau. Mae casglu wyau adar prin yn enghraifft arall o weithgaredd dynol anghyfreithlon sy'n gallu rhoi rhywogaethau mewn perygl.
+ Cystadleuaeth gan anifeiliaid domestig – efallai y bydd anifeiliaid dof, er enghraifft gwartheg, yn cystadlu'n well nag anifeiliaid gwyllt. Mewn rhai mannau bydd bodau dynol yn cymryd camau i ladd anifeiliaid gwyllt sy'n cystadlu ag anifeiliaid dof.

Mewn perygl Rhywogaeth sy'n wynebu risg o ddifodiant.

Cysylltiadau

Mae'r amgylchedd newidiol yn bwysau dethol, sy'n golygu y bydd gan rai organebau fantais ddetholus. Bydd yr organebau hyn yn fwy tebygol o fridio a throsglwyddo'r alelau sy'n rhoi'r fantais ddetholus hon i'w hepil.

Cysylltiadau

Mae rhywogaethau'n dod i fod mewn perygl oherwydd cystadleuaeth gan anifeiliaid domestig yn enghraifft o gystadleuaeth ryngrywogaethol, oherwydd mae'r organebau sy'n cystadlu yn rhywogaethau gwahanol. Cystadleuaeth fewnrywogaethol yw cystadleuaeth rhwng organebau o'r un rhywogaeth.

Gallwn ni warchod cyfansymiau genynnol yn y gwyllt ac mewn caethiwed

Cadwraeth yw rheoli'r biosffer mewn modd synhwyrol a gwella bioamrywiaeth yn lleol.

Mae bodau dynol yn gallu defnyddio amrywiaeth o strategaethau cadwraeth

ADOLYGU

Dyma rai enghreifftiau o strategaethau cadwraeth:

+ Gwarchod cynefinoedd – er enghraifft, gwarchodfeydd natur a Safleoedd o Ddiddordeb Gwyddonol Arbennig (SoDdGA/SSSI: *Sites of Special Scientific Interest*). Yn yr ardaloedd hyn, rydyn ni'n cyfyngu ar ddatblygiadau a gweithgareddau eraill er mwyn lleihau'r niwed i gynefinoedd.

41

+ Cydweithredu rhyngwladol i gyfyngu ar fasnachu cynhyrchion anifeiliaid o anifeiliaid mewn perygl. Mae hyn yn helpu i leihau'r galw am y cynhyrchion hyn, gan arwain at lai o botsian.
+ Rhaglenni bridio gan sŵau a gerddi botanegol, banciau sberm/storfeydd hadau a rhaglenni ailgyflwyno.

Drwy warchod rhywogaethau, rydyn ni'n arbed cyfansymiau genynnol sy'n bodoli. Mae hyn yn bwysig am ddau reswm. Yn gyntaf, gan mai ni yw'r rhywogaeth fwyaf datblygedig ar y blaned mae gennyn ni ddyletswydd foesegol i gynnal y cyfanswm genynnol. Yn ail, os nad ydyn ni'n gwarchod cyfansymiau genynnol, gallwn ni golli genynnau a allai fod yn ddefnyddiol, er enghraifft genynnau ymwrthedd i glefydau mewn perthnasau gwyllt rhywogaethau cnydau.

Mae monitro amgylcheddol – defnyddio gwyddoniaeth a thechnoleg i ragfynegi effeithiau gweithgareddau dynol – yn hanfodol i gadwraeth. Mae hyn yn caniatáu i ni addasu cynlluniau i sicrhau bod eu canlyniadau'n llai niweidiol.

Cysylltiadau

Y cyfanswm genynnol yw'r holl alelau mewn poblogaeth.

Cysylltiadau

Mae monitro amgylcheddol yn gallu cynnwys mesur bioamrywiaeth cynefin. Gellid gwneud hyn drwy ddefnyddio indecs amrywiaeth Simpson.

Mae bodau dynol yn ecsbloetio'r byd naturiol i fodloni gofynion amaethyddol

ADOLYGU

Mae cynhyrchiant amaethyddol a chadwraeth yn gwrthdaro bob amser.

Mae datgoedwigo a gorbysgota yn ddwy enghraifft amlwg o ecsbloetio amaethyddol.

I reoli coedwigoedd, mae angen ailblannu ac adfywio; mae hyn yn caniatáu i ni gymryd pren gan gynnal y cynefin. Mae hefyd yn bwysig gwarchod coetiroedd brodorol er mwyn gwella bioamrywiaeth.

Gorbysgota yw tynnu pysgod o'r cefnforoedd mewn modd anghynaliadwy

ADOLYGU

Mae nifer o ffyrdd o leihau effaith pysgota:
+ Cynyddu maint rhwyll rhwydi – drwy ddefnyddio maint rhwyll bach, byddwn ni'n dal ac yn lladd pysgod ifanc maint llai (Ffigur 6.1). Mae hyn yn golygu nad ydyn nhw'n cael y cyfle i aeddfedu a bridio, ac felly bydd poblogaethau pysgod yn lleihau dros amser. Mae defnyddio maint rhwyll mwy yn golygu bod y pysgod ifanc hyn yn gallu dianc a chael cyfle i aeddfedu a bridio, gan gynnal maint y boblogaeth.
+ Gosod cwotâu ar fàs y pysgod y caiff pobl eu dal.
+ Cyfyngu ar yr amser mae cychod pysgota ar y môr, ac osgoi adegau pan mae pysgod yn bridio.
+ Gorfodi ardaloedd dan waharddiad. Mae hyn yn golygu cyfyngu ar y mannau lle caiff cychod fynd i bysgota, ac yn benodol atal pysgota mewn mannau lle mae pysgod yn atgenhedlu (silfeydd).
+ Annog defnyddwyr i fwyta pysgod sydd wedi'u dal mewn modd cynaliadwy. Mae hyn yn lleihau'r galw am bysgod sydd ddim wedi'u pysgota yn gynaliadwy.

Cyngor

Mae'n bwysig nodi bod maint rhwyll mwy mewn rhwydi pysgota yn caniatáu i bysgod ifanc ddianc o'r rhwyd a goroesi, nid dim ond pysgod bach yn gyffredinol.

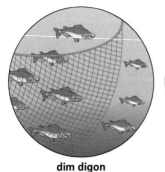 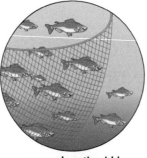 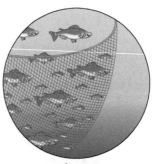

dim digon   cynnyrch optimaidd   gorbysgota

Ffigur 6.1 Y berthynas rhwng maint rhwyll rhwyd a nifer y pysgod sy'n cael eu dal

Gallwch chi wirio eich atebion yma: **www.hoddereducation.co.uk/fynodiadauadolygu**

Mae ffermio pysgod (dyframaethu) yn gallu lleihau goblygiadau gorbysgota; fodd bynnag, mae'n gallu creu problemau ecolegol eraill, yn cynnwys:

+ llygredd, gan gynnwys dŵr ffo o ffermydd pysgod yn arwain at ewtroffigedd
+ pysgod â chlefydau yn dianc ac yn heintio'r boblogaeth wyllt
+ mae tocsinau amgylcheddol yn fwy crynodedig mewn pysgod o ffermydd

> **Ffermio pysgod** Magu pysgod yn fasnachol mewn mannau caeedig, fel pyllau a chewyll arnofiol.

Profi eich hun　　　　　　　　　　　PROFI ◯

1 Beth yw SoDdGA/SSSI?
2 Rhowch ddau ddull, ar wahân i faint rhwyll mwy, i leihau effaith gorbysgota.
3 Sut mae clirio gwrychoedd yn effeithio ar fioamrywiaeth?
4 Pam mae hi'n bwysig gwarchod cyfansymiau genynnol?

Mae ffiniau'r blaned yn diffinio man gweithredu diogel ar gyfer dynoliaeth

Os ydyn ni'n croesi ffiniau'r blaned, rydyn ni'n creu risg o newid anghildroadwy i'r amgylchedd

ADOLYGU ◯

Gallwn ni ddosbarthu ffiniau'r blaned fel hyn:

+ wedi'i chroesi – rydyn ni wedi mynd dros y ffin
+ osgoadwy – gallwn ni osgoi croesi'r ffin
+ heb ei meintioli – dydy hi ddim yn bosibl mesur a ydyn ni wedi croesi'r ffin ai peidio

Mae gan y blaned naw o ffiniau (Tabl 6.1).

Tabl 6.1 Ffiniau'r blaned

Ffin	Ydy'r ffin wedi'i chroesi?	Disgrifiad	Datrysiadau posibl
Bioamrywiaeth	Wedi'i chroesi	Bioamrywiaeth yn lleihau oherwydd difodiant, dethol naturiol a newidiadau i gynefinoedd	Monitro bioamrywiaeth, defnyddio cronfeydd genynnau, codi ymwybyddiaeth y cyhoedd
Newid hinsawdd	Wedi'i chroesi	Mae allyriadau nwyon tŷ gwydr wedi arwain at gynhesu byd-eang, gan achosi newid hinsawdd	Lleihau allyriadau nwyon tŷ gwydr, coedwigo
Nitrogen	Wedi'i chroesi	Gorddefnyddio gwrteithiau gan arwain at ewtroffigedd	Cyfyngu ar ddefnyddio gwrteithiau sy'n cynnwys nitrad
Defnyddio tir	Wedi'i chroesi	Dinistrio cynefinoedd naturiol, er enghraifft datgoedwigo i newid defnyddio tir ar gyfer amaethyddiaeth ac ati	Newid arferion ffermio a bwyta llai o gig er mwyn defnyddio tir yn fwy effeithlon
Dŵr croyw	Osgoadwy	Cynnydd yn y galw am ddŵr croyw gan boblogaethau dynol ac amaethyddiaeth	Gwastraffu llai o ddŵr; defnyddio dihalwyno
Llygredd cemegol	Heb ei meintioli	Cynhyrchu a rhyddhau amrywiaeth eang o lygryddion cemegol, gan gynnwys sylffwr deuocsid a nitrogen ocsid yn llygru'r aer	Rhyddhau cyn lleied o lygryddion â phosibl
Aerosol	Heb ei meintioli	Llygredd gronynnau yn arwain at broblemau resbiradol a chlefyd yr ysgyfaint	Rhyddhau cyn lleied o lygredd gronynnau â phosibl

→

43

Ffin	Ydy'r ffin wedi'i chroesi?	Disgrifiad	Datrysiadau posibl
Asidio'r cefnforoedd	Osgoadwy	Mae cynnydd mewn lefelau carbon deuocsid yn yr atmosffer yn achosi i pH y cefnforoedd ostwng wrth i fwy o garbon deuocsid hydoddi; mae hyn yn arwain at farwolaeth cwrel ac organebau morol eraill	Rhyddhau llai o nwyon tŷ gwydr
Oson	Wedi'i osgoi	Roedd yr haen oson yn ymddatod oherwydd rhyddhau CFCau	Cafodd CFCau eu gwahardd, ac mae'r haen oson yn atffurfio

Profi eich hun

PROFI ○

5 Beth yw ffiniau'r blaned?
6 Pa ddwy o ffiniau'r blaned sydd heb eu meintioli?
7 Pa un o ffiniau'r blaned rydyn ni wedi'i hosgoi?
8 Pa un o ffiniau'r blaned mae gorddefnyddio gwrtaith sy'n cynnwys nitrad yn effeithio arni?

Gweithgaredd adolygu

Atgynhyrchwch Dabl 6.1 ar ddarn mawr o bapur. Torrwch bob blwch allan o'r tabl a'u cymysgu nhw. Ad-drefnwch y blychau yn y drefn gywir.

Crynodeb

Dylech chi allu:
+ Esbonio'r rhesymau pam mae rhywogaethau'n dod i fod mewn perygl a beth sy'n achosi difodiant.
+ Disgrifio sut gallwn ni warchod cyfansymiau genynnol yn y gwyllt ac mewn caethiwed.
+ Esbonio'r gwrthdaro rhwng cynhyrchiant a chadwraeth o ran ecsbloetio amaethyddol (e.e. datgoedwigo a gorbysgota), gan gynnwys dulliau o ddatrys y gwrthdaro.
+ Esbonio cysyniad ffiniau'r blaned.

Cwestiynau enghreifftiol

1 Mae Ffigur 6.2 yn dangos sut mae pH y cefnforoedd wedi newid dros amser.

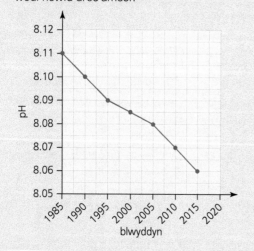

Ffigur 6.2

a Disgrifiwch y duedd sydd i'w gweld yn y graff. [1]
b Esboniwch y duedd hon. [2]
c Nodwch pa un o ffiniau'r blaned y mae'r graff hwn yn ei dangos orau. [1]
ch Esboniwch y mesurau y gellid eu cymryd i sicrhau nad ydyn ni'n croesi'r ffin hon. [2]

d Awgrymwch pa rai eraill o ffiniau'r blaned y gallai'r dulliau hyn hefyd helpu â nhw. [2]

2 Mae'r tabl isod yn dangos amcangyfrif o'r arwynebedd cyfartalog y mae pob fferm yn ei drin dros amser.

Blwyddyn	Arwynebedd cyfartalog y mae pob fferm yn ei drin (km²)
1880	0.32
1900	0.31
1920	0.35
1940	0.37
1960	0.40
1980	0.65

a Disgrifiwch y duedd sydd i'w gweld yn y data. [1]
b Cyfrifwch y cynnydd canrannol yn yr arwynebedd cyfartalog sy'n cael ei drin o 1900 i 1980. [2]
c Awgrymwch beth mae'r data yn awgrymu allai fod wedi digwydd i gyfanswm arwynebedd gwrychoedd dros y cyfnod hwn. [1]
ch Disgrifiwch ac esboniwch sut bydd y newid hwn yn effeithio ar fioamrywiaeth. [3]

7 Homeostasis a'r aren

Mae'r corff yn defnyddio homeostasis i gynnal amgylchedd mewnol cyson

Mae'r corff yn cael ei gadw mewn cyflwr o ecwilibriwm dynamig

ADOLYGU

Wrth i amodau newid yn gyson, mae angen i'r corff weithio i ddod â'r amodau'n ôl i'w lefelau optimwm. Mae enghreifftiau o homeostasis yn cynnwys cynnal tymheredd craidd y corff, lefelau glwcos a photensial hydoddyn.

Mae'r broses hon yn bwysig er mwyn i gelloedd y corff allu gweithio'n effeithlon, hyd yn oed os yw amodau'r amgylchedd allanol yn anwadal neu os yw lefelau gweithgarwch yr organeb yn newid.

Mae gan bob amod sy'n gwneud yr amgylchedd mewnol cyson hwn ei lefel 'normal', sydd hefyd yn cael ei galw'n bwynt gosod. Canolfan reoli sy'n pennu'r pwynt gosod. Os yw'r amod yn gwyro oddi wrth y pwynt gosod hwn, bydd adborth negatif yn ei chywiro hi.

Mae canfodydd neu dderbynnydd yn monitro'r cyflwr, gan roi adborth i'r ganolfan reoli neu'r cyd-drefnydd. Mae'r cyd-drefnydd yn gwerthuso'r wybodaeth ac yn rhoi allbwn i effeithydd. Yna mae'r effeithydd yn ymateb mewn modd sydd wedi'i lunio i wrthweithio'r gwyriad ac adfer y pwynt gosod.

Adborth negatif yw hyn oherwydd mae newid i'r system yn arwain at ymateb sy'n gwrthweithio'r newid. Mae adborth positif yn golygu bod newid i'r system yn arwain at ymateb sy'n achosi i'r newid gynyddu.

> **Homeostasis** Cynnal amgylchedd mewnol cyson.

> **Cysylltiadau**
>
> Mae rheolaeth hormonaidd dros atgenhedlu yn cynnwys enghreifftiau o adborth positif a negatif. Mae rhyddhau ocsitosin yn arwain at adborth positif ar gyfangiadau muriau'r groth. Mae oestrogen yn cael effaith adborth negatif ar gynhyrchu FSH.

Mae'r aren yn rhan o'r system ysgarthu ddynol

Mae troeth yn cael ei ffurfio yn yr aren (Ffigur 7.1). Mae'n teithio i lawr yr wreter i'r bledren, lle caiff ei storio cyn cael ei ryddhau allan o'r wrethra.

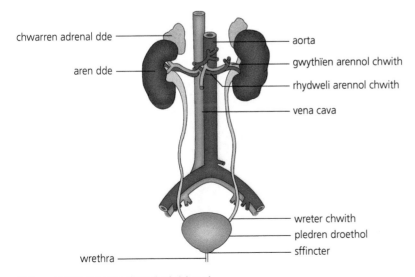

Ffigur 7.1 Y system droethol ddynol

Mae gan yr aren ddwy brif swyddogaeth

✛ Osmoreolaeth yw rheoli potensial dŵr hylifau'r corff, fel gwaed, hylif meinweol a lymff.

✛ Mae dadamineiddio gormodedd asidau amino yn creu gwastraff nitrogenaidd. Allwn ni ddim storio asidau amino, felly maen nhw'n cael eu dadamineiddio yn yr iau/afu. Mae'r grŵp amin o'r asid amino yn ffurfio amonia. Mae hwn yna'n cael ei drawsnewid yn wrea, sy'n llai gwenwynig, ac yna ei gludo i blasma'r gwaed.

Prif uned weithredol yr aren yw'r neffron (Ffigurau 7.1 a 7.2).

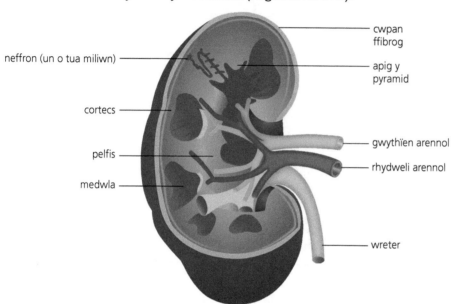

Ffigur 7.2 Toriad drwy aren, ag un neffron yn y golwg

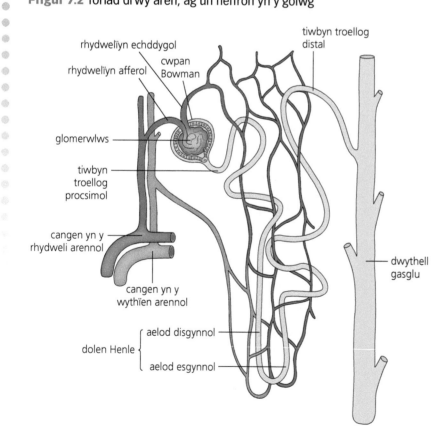

Ffigur 7.3 Neffron a'i gyflenwad gwaed

Mae Tabl 7.1 yn dangos swyddogaethau gwahanol rannau o'r neffron a'u lleoliadau yn yr aren (medwla neu gortecs).

Gallwch chi wirio eich atebion yma: **www.hoddereducation.co.uk/fynodiadauadolygu**

Tabl 7.1 Swyddogaethau gwahanol rannau o'r neffron

Rhan y neffron	Swyddogaeth	Medwla neu gortecs?
Cwpan Bowman	Uwch-hidlo	Cortecs
Tiwbyn troellog procsimol	Adamsugniad detholus	Cortecs
Dolen Henle	Gostwng potensial dŵr hylif meinweol y medwla	Medwla
Tiwbyn troellog distal	Adamsugno dŵr	Cortecs
Dwythell gasglu	Adamsugno dŵr	Medwla

Mae uwch-hidlo yn digwydd yn y glomerwlws a chwpan Bowman

ADOLYGU

Hidlo dan wasgedd yw uwch-hidlo. Mae gwaed yn mynd i mewn i'r glomerwlws drwy'r rhydwelïyn afferol. Mae gan hwn lwmen lletach na'r rhydwelïyn echddygol, sy'n cynyddu'r gwasgedd hydrostatig yn y glomerwlws. Mae hyn yn gorfodi moleciwlau bach allan o'r glomerwlws ac i mewn i gwpan Bowman (Ffigur 7.4).

Uwch-hidlo Hidlo dan wasgedd, sy'n digwydd o'r capilarïau glomerwlaidd i mewn i gwpan Bowman.

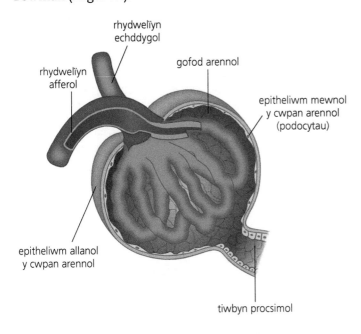

Ffigur 7.4 Y cwpan arennol (cwpan Bowman)

Mae yna dair haen hidlo:
+ mandyllau yn endotheliwm y capilari
+ mandyllau yn y bilen waelodol
+ rhwng cnapiau (traed) y podocytau

Mae hyn yn sicrhau mai dim ond moleciwlau bach sy'n gadael y gwaed, a bod moleciwlau mwy a chelloedd gwaed yn aros yn y capilari (Tabl 7.2).

Cyngor

Gwnewch yn siŵr eich bod chi'n nodi bod gan y rhydwelïyn afferol lwmen lletach na'r rhydwelïyn echddygol, nid dim ond ei fod yn 'llai' neu'n 'deneuach' – dydy hynny ddim yn ddigon manwl i sgorio marc.

Tabl 7.2 Hidlo yn yr aren

Aros yn y gwaed	Symud i'r hidlif
Celloedd coch y gwaed	Glwcos
Celloedd gwyn y gwaed	Wrea
Platennau	Dŵr
Proteinau plasma	Ïonau mwynol

Mae'r hidlif yn mynd o gwpan Bowman i'r tiwbyn troellog procsimol (Ffigur 7.5).

47

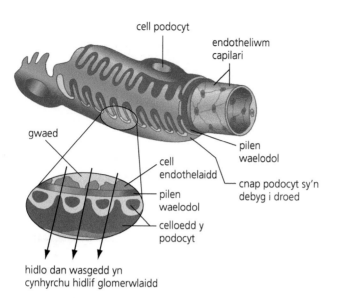

hidlo dan wasgedd yn
cynhyrchu hidlif glomerwlaidd

Ffigur 7.5 System hidlo'r cwpan arennol yn yr aren

Mae adamsugniad detholus yn digwydd yn y tiwbyn troellog procsimol

ADOLYGU ●

Mae adamsugniad detholus yn sicrhau mai dim ond rhai moleciwlau ac ïonau sy'n cael eu hadamsugno o'r hidlif i'r gwaed yn y capilarïau peritiwbaidd.

✚ Mae'r rhan fwyaf o'r dŵr yn cael ei adamsugno drwy gyfrwng osmosis.

✚ Mae'r holl glwcos ac asidau amino'n cael eu hadamsugno drwy gyfrwng cydgludiant gyda Na+ (cludiant actif eilaidd).

✚ Mae'r rhan fwyaf o'r ïonau mwynol yn cael eu hadamsugno drwy gyfrwng cludiant actif.

✚ Gallai rhai proteinau wedi'u hidlo ac wrea gael eu hadamsugno drwy gyfrwng tryediad.

> **Adamsugniad detholus**
> Adamsugno rhai moleciwlau ac ïonau o'r hidlif i'r gwaed.

Mae'r tiwbyn troellog procsimol wedi addasu ar gyfer adamsugno mewn nifer o ffyrdd:

✚ Mae'n hir ac mae nifer mawr ym mhob aren; mae hyn yn rhoi arwynebedd arwyneb mawr.

✚ Mae microfili a sianeli gwaelodol gan y celloedd epithelaidd ciwboid, ac maen nhw hefyd yn cynyddu'r arwynebedd arwyneb (Ffigur 7.6).

✚ Mae'r celloedd epithelaidd yn cynnwys llawer o fitocondria, sy'n cyflawni resbiradaeth aerobig i gynhyrchu ATP ar gyfer cludiant actif.

✚ Mae cysylltleoedd tyn rhwng celloedd; mae hyn yn atal y defnyddiau wedi'u hadamsugno rhag gollwng yn ôl i mewn i'r hidlif.

✚ Mae gan gelloedd y tiwbyn troellog procsimol gysylltiad agos â chapilarïau peritiwbaidd.

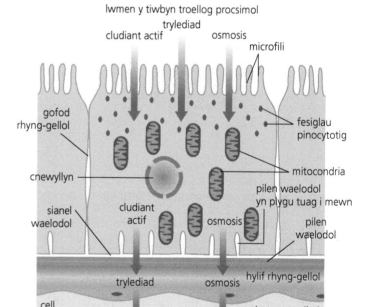

Ffigur 7.6 Cell epithelaidd yn leinio'r tiwbyn troellog procsimol

Erbyn i'r hidlif gyrraedd pen y tiwbyn troellog procsimol, mae'r hidlif yn isotonig â phlasma'r gwaed.

> **Cyngor**
>
> Gwnewch yn siŵr eich bod chi'n sôn am botensial dŵr ac osmosis mewn atebion am symudiad dŵr allan o'r neffron. Mae dŵr yn symud drwy gyfrwng osmosis o hydoddiant hypotonig (potensial dŵr uwch) i hydoddiant hypertonig (potensial dŵr is).

Gallwch chi wirio eich atebion yma: **www.hoddereducation.co.uk/fynodiadauadolygu**

Mae dolen Henle yn crynodi halwynau yn hylif meinweol y medwla

Mae'r crynodiad halwyn uwch hwn yn gostwng y potensial dŵr yn y medwla.

+ Mae'r hidlif yn mynd o'r tiwbyn troellog procsimol i aelod disgynnol dolen Henle (Ffigur 7.7).

+ Mae'r aelod disgynnol yn athraidd i ddŵr. Gan fod y potensial dŵr yn isel yn yr hylif meinweol o gwmpas y medwla, mae dŵr yn symud allan o'r hidlif yn yr aelod disgynnol drwy gyfrwng osmosis. Mae yna'n mynd i gapilarïau'r vasa recta ac yn cael ei gludo i ffwrdd.

+ Gan fod yr hidlif yn colli dŵr fel hyn, mae'n mynd yn fwy crynodedig wrth symud i lawr yr aelod disgynnol. Apig (blaen) y ddolen yw'r pwynt lle mae'r hidlif ar ei fwyaf crynodedig, felly dyma lle mae'r potensial dŵr ar ei isaf.

+ Wrth i'r hidlif symud i fyny'r aelod esgynnol, caiff ïonau Na+ a Cl- eu cludo'n actif allan o'r aelod esgynnol ac i mewn i hylif meinweol y medwla. Mae'r aelod esgynnol yn anathraidd i ddŵr, felly does dim dŵr yn gadael. Mae hyn yn golygu bod yr hidlif yn mynd yn fwy gwanedig wrth symud i fyny'r aelod esgynnol.

+ Mae graddiant osmotig yn cael ei gynnal i lawr i apig dolen Henle; mae hyn yn cynhyrchu effaith lluosydd gwrthgerrynt bachdro.

+ Mae hyn yn gostwng potensial dŵr hylif meinweol y medwla, gan greu graddiant potensial dŵr er mwyn i ddŵr symud allan o aelod esgynnol dolen Henle, y tiwbyn troellog distal a'r ddwythell gasglu.

+ Mae'r hidlif yn mynd i mewn i'r tiwbyn troellog distal ac yna i'r ddwythell gasglu, ac mae dŵr yn symud allan drwy gyfrwng osmosis. Pan mae'r hidlif yn gadael y ddwythell gasglu mae'n ffurfio troeth, sy'n symud i'r pelfis arennol ac yna i'r wreter.

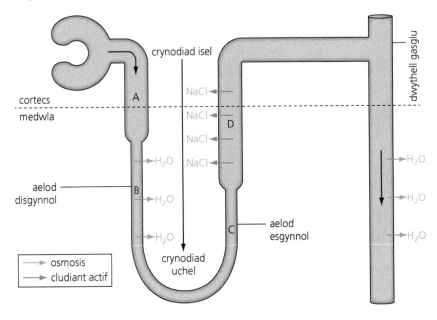

Ffigur 7.7 Un ddolen Henle

Gweithgaredd adolygu

Crëwch siart llif mawr wedi'i anodi o beth sy'n digwydd ym mhob rhan o'r neffron. Gwnewch yn siŵr eich bod chi'n cynnwys y termau allweddol cywir i gyd ac yn anodi eich siart llif â diagramau.

Mae hyd dolen Henle yn gallu dibynnu ar amgylchedd organeb

+ Mae gan organebau sy'n byw mewn amgylcheddau lle does dim llawer o ddŵr ar gael, fel llygod mawr codog, ddolenni Henle cymharol hir. Mae hyn yn bwysig oherwydd mae'n golygu bod y llygoden fawr godog yn gallu cynhyrchu potensial dŵr isel iawn yn hylif meinweol y medwla, gan greu graddiant osmotig serth iawn. Mae hyn yn golygu bod llawer o ddŵr yn cael ei adamsugno o'r hidlif, gan greu cyfaint bach o droeth crynodedig.

Mae gan organebau sy'n byw mewn amgylcheddau lle mae llawer o ddŵr ar gael, fel afancod, ddolenni Henle cymharol fyr oherwydd does dim angen iddyn nhw adamsugno llawer o ddŵr, ac maen nhw'n gallu cynhyrchu cyfaint mawr o droeth gwanedig.

Profi eich hun   PROFI ⬤

1 Beth sy'n digwydd i ormodedd asidau amino yn yr iau/afu?

2 Ym mha ran o'r neffron mae potensial dŵr yr hidlif ar ei isaf?

3 Sut mae diamedr y rhydwelïyn afferol yn wahanol i ddiamedr y rhydwelïyn echddygol?

4 Faint o'r glwcos sy'n cael ei adamsugno yn y tiwbyn troellog procsimol?

Hormon gwrthddiwretig sy'n rheoli potensial dŵr yn y gwaed

Osmoreolaeth yw rheoli potensial dŵr y gwaed, ac mae'r broses yn defnyddio hormon gwrthddiwretig (ADH: *anti diuretic hormone*).

Yr hypothalamws sy'n cynhyrchu hormon gwrthddiwretig

ADOLYGU ⬤

Caiff hormon gwrthddiwretig ei storio yn llabed ôl y chwarren bitwidol. Mae'r chwarren bitwidol yn secretu hormonau ac felly mae'n chwarren endocrinaidd. Mae osmoreolaeth yn digwydd fel hyn:

Mae osmodderbynyddion yn yr hypothalamws yn canfod newidiadau i botensial dŵr y gwaed.

Mae'r rhain yn anfon impwls i labed ôl y chwarren bitwidol.

Os yw'n canfod gostyngiad yn y potensial dŵr, mae'n rhyddhau mwy o ADH i lif y gwaed.

Mae'r ADH yn teithio i'r ddwythell gasglu ac yn rhwymo wrth dderbynyddion ar gelloedd mur y ddwythell gasglu.

Mae hyn yn sbarduno acwaporinau (proteinau sianel sy'n cludo dŵr) i fynd i mewn i bilen blasmaidd celloedd mur y ddwythell gasglu.

Mae'r acwaporinau hyn yn gwneud mur y ddwythell gasglu yn fwy athraidd i ddŵr.

Mae hyn yn achosi i ddŵr symud allan o'r ddwythell gasglu drwy gyfrwng osmosis i mewn i hylif meinweol y medwla ac yna i'r gwaed yn y vasa recta.

Mae hyn yn ffurfio cyfaint isel o droeth crynodedig. Yng ngwaelod y ddwythell gasglu, mae crynodiad y troeth yn agos at grynodiad yr hylif meinweol sy'n agos at waelod dolen Henle. Mae hyn yn golygu y bydd y troeth yn hypertonig i hylif y corff.

Mae'r gwrthwyneb yn digwydd pan mae'r osmodderbynyddion yn canfod cynnydd ym mhotensial dŵr y gwaed. Mae llai o acwaporinau yn golygu bod mur y ddwythell gasglu yn llai athraidd i ddŵr; mae llai o ddŵr yn cael ei adamsugno felly mae cyfaint mawr o droeth gwanedig yn ffurfio.

Yn y ddwy enghraifft hyn, mae'r hypothalamws yn gweithredu fel cyddrefnydd ac yn gweithio i ddychwelyd potensial dŵr y gwaed i'r pwynt gosod. Mae hyn yn enghraifft o adborth negatif ac mae'n cynnal cydbwysedd homeostatig potensial dŵr y gwaed.

Sgiliau ymarferol

Dyrannu aren mamolyn

+ Arsylwch y tu allan i'r aren a thynnwch unrhyw fraster sydd o'i chwmpas hi.
+ Rhowch yr aren ar ei hochr a thorri drwyddi hi'n llorweddol nes bod yr aren mewn dau hanner.
+ Arsylwch y cortecs, y medwla a'r pelfis yn ymestyn i mewn i'r wreter.
+ Torrwch y feinwe gyswllt o gwmpas yr wreter i ffwrdd ac arsylwch y tiwbynnau sy'n arwain i mewn i'r pelfis.
+ Torrwch i fyny i mewn i'r cortecs i arsylwi y tiwbynnau teneuach.
+ Gallwch chi arsylwi y tiwbynnau yn fanylach drwy ddefnyddio lens llaw neu ficrosgop dyrannu, neu drwy wneud sleidiau o samplau o'r medwla a'r cortecs a'u harsylwi â microsgop.

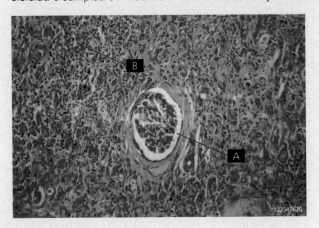

Ffigur 7.8

Cwestiwn ymarfer

1 Mae Ffigur 7.8 yn dangos micrograff o feinwe sydd wedi'i chymryd o ddarn o'r aren.
   a Nodwch o ba ran mae'r feinwe hon wedi dod.
   b Enwch y labeli A a B.

Mae methiant yr arennau'n gallu achosi i gynhyrchion gwastraff gronni

Mae arennau'n gallu methu am nifer o resymau. Yn ogystal ag achosi i gynhyrchion gwastraff gronni, mae hyn hefyd yn gallu effeithio ar botensial hydoddyn y gwaed a hylifau eraill y corff.

I drin methiant yr arennau mae angen cydbwyso hylifau yn y gwaed

ADOLYGU

Dyma rai triniaethau i gydbwyso'r hylifau yn y gwaed os bydd yr arennau'n methu:

+ Meddyginiaeth i reoli lefelau potasiwm a chalsiwm yn y gwaed, oherwydd dydyn nhw ddim yn cael eu hidlo allan o'r gwaed yn iawn.
+ Deiet heb lawer o brotein – i leihau faint o wrea sydd yn y gwaed.
+ Cyffuriau i ostwng pwysedd gwaed.
+ Dialysis – hidlo'r gwaed naill ai y tu allan i'r corff mewn peiriant dialysis neu y tu mewn i'r ceudod peritoneaidd.
+ Trawsblannu aren – mae'n bosibl rhoi aren newydd yn y claf.

Mae anifeiliaid yn rhyddhau gwastraff nitrogenaidd ar wahanol ffurfiau

+ Mae anifeiliaid dyfrol yn cynhyrchu ac yn rhyddhau amonia. Mae amonia yn wenwynig iawn ond yn hydawdd iawn, felly mae'n hydoddi'n gyflym yn y dŵr lle mae'r anifeiliaid yn byw.
+ Mae adar, ymlusgiaid a phryfed yn cynhyrchu asid wrig. Ychydig iawn o ddŵr sydd ei angen i ysgarthu hwn, felly mae'r anifeiliaid hyn yn gallu addasu i oroesi mewn amgylcheddau heb lawer o ddŵr.
+ Mae mamolion yn cynhyrchu wrea, sy'n llai gwenwynig nag amonia, felly mae'n bosibl ei storio mewn meinweoedd am gyfnod byr. Fodd bynnag, mae angen llawer o ddŵr i'w ysgarthu.

Profi eich hun

5 Pa fath o wastraff nitrogenaidd y mae pysgod yn ei gynhyrchu?

6 Pa fath o ddeiet y byddai rhywun yn ei ddilyn os yw'n dioddef o fethiant yr arennau?

7 Beth yw ystyr y llythrennau ADH?

8 Ym mha ran o'r ymennydd mae'r osmodderbynyddion i'w cael?

Crynodeb

Dylech chi allu:
+ Esbonio pwysigrwydd homeostasis.
+ Disgrifio sut mae homeostasis yn adfer amodau mewnol y corff yn ôl i'w pwynt gosod.
+ Disgrifio adeiledd yr aren famolaidd, gan gynnwys y neffron.
+ Esbonio swyddogaethau'r aren, gan gynnwys uwch-hidlo, adamsugno detholus ac adamsugno dŵr.

+ Esbonio swyddogaeth ADH ym mhroses osmoreolaeth.
+ Disgrifio effeithiau methiant yr arennau a ffyrdd posibl o'i drin.
+ Esbonio sut mae gan wahanol anifeiliaid gynhyrchion ysgarthol a dolenni Henle sydd wedi'u haddasu i'w hamgylcheddau.

Cwestiynau enghreifftiol

1 Mae syndrom secretu hormon gwrthddiwretig yn amhriodol (SIADH: *Syndrome of inappropriate antidiuretic hormone secretion*) yn gyflwr lle mae hormon gwrthddiwretig yn cael ei ryddhau'n afreolus.

a Awgrymwch sut mae'r cyflwr hwn yn effeithio ar droeth claf ag SIADH. Esboniwch eich ateb. [4]

b Mae SIADH yn achosi nifer o symptomau, gan gynnwys crynodiad sodiwm isel yn y gwaed a'r ymennydd yn chwyddo. Esboniwch pam mae SIADH yn achosi'r symptomau hyn:

i crynodiad sodiwm isel yn y gwaed [1]

ii yr ymennydd yn chwyddo [2]

2 Mae mamolion bach yn gallu cynhyrchu troeth crynodedig fel ymateb i amgylcheddau heb lawer o ddŵr. Mae'n bosibl bod hyn yn gysylltiedig â dwysedd uchel y mitocondria yng nghelloedd meinwe'r aren, a'r ffaith bod gan y mitocondria yn yr aren fwy o gristâu.

a Awgrymwch esboniad i hyn. [4]

b Mae adeiledd dolen Henle hefyd yn gallu addasu i oroesi mewn amgylcheddau heb lawer o ddŵr. Esboniwch sut. [2]

Gallwch chi wirio eich atebion yma: **www.hoddereducation.co.uk/fynodiadauadolygu**

8 Y system nerfol

Mae mamolion yn gallu ymateb i ysgogiadau allanol a mewnol

I ymateb i ysgogiadau allanol a mewnol, mae derbynnydd yn canfod yr ysgogiad ac yn trosglwyddo'r wybodaeth i effeithydd. Mae hyn yn gallu digwydd drwy'r system nerfol neu drwy gludo hormonau yn llif y gwaed.

Mae'r system nerfol ddynol yn cynnwys y brif system nerfol a'r system nerfol berifferol

ADOLYGU

Mae'r brif system nerfol yn cynnwys yr ymennydd a madruddyn y cefn. Mae nerfau perifferol yn canghennu o fadruddyn y cefn (Ffigur 8.1).

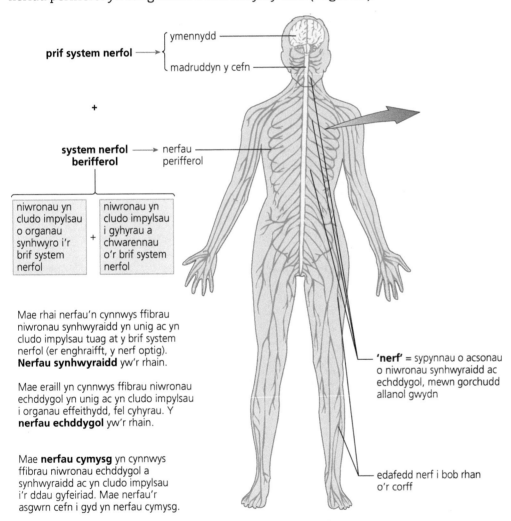

prif system nerfol →
- ymennydd
- madruddyn y cefn

+

system nerfol berifferol → nerfau perifferol

| niwronau yn cludo impylsau o organau synhwyro i'r brif system nerfol | + | niwronau yn cludo impylsau i gyhyrau a chwarennau o'r brif system nerfol |

Mae rhai nerfau'n cynnwys ffibrau niwronau synhwyraidd yn unig ac yn cludo impylsau tuag at y brif system nerfol (er enghraifft, y nerf optig). **Nerfau synhwyraidd** yw'r rhain.

Mae eraill yn cynnwys ffibrau niwronau echddygol yn unig ac yn cludo impylsau i organau effeithydd, fel cyhyrau. Y **nerfau echddygol** yw'r rhain.

Mae **nerfau cymysg** yn cynnwys ffibrau niwronau echddygol a synhwyraidd ac yn cludo impylsau i'r ddau gyfeiriad. Mae nerfau'r asgwrn cefn i gyd yn nerfau cymysg.

'nerf' = sypynnau o acsonau o niwronau synhwyraidd ac echddygol, mewn gorchudd allanol gwyn

edafedd nerf i bob rhan o'r corff

Ffigur 8.1 Trefniadaeth system nerfol mamolyn

Mae gan famolion dri math gweithredol o nerfgell (niwron):
+ niwronau synhwyraidd
+ niwronau relái
+ niwronau echddygol

Mae'r niwronau hyn i gyd yn ymwneud ag atgyrchau syml (Tabl 8.1).

Tabl 8.1 Mathau o niwronau

Niwron	Swyddogaeth
Niwron synhwyraidd	Cysylltu effeithydd â'r brif system nerfol
Niwron relái	Cysylltu niwron synhwyraidd â niwron echddygol yn y brif system nerfol
Niwron echddygol	Cysylltu'r brif system nerfol ag effeithydd

Mae atgyrchau syml yn ymateb cynhenid

Mae atgyrchau syml yn gyflym, yn anwirfoddol ac yn fuddiol. Mae'n bwysig eu bod nhw'n gyflym ac yn awtomatig oherwydd mae llawer o atgyrchau'n amddiffynnol, felly mae'n bwysig eu bod nhw'n digwydd yn gyflym heb i'r unigolyn orfod meddwl am yr ymateb.

Mae Ffigur 8.2 yn dangos sut mae llwybr atgyrch tri niwron yn digwydd.

Ffigur 8.2 Y digwyddiadau mewn llwybr atgyrch

Newid yn yr amgylchedd yw'r ysgogiad. Mae'r effeithydd naill ai'n gyhyryn neu'n chwarren, a'r ymateb yw'r hyn mae'r effeithydd yn ei wneud. Madruddyn y cefn sy'n cyd-drefnu'r weithred atgyrch (Ffigur 8.3).

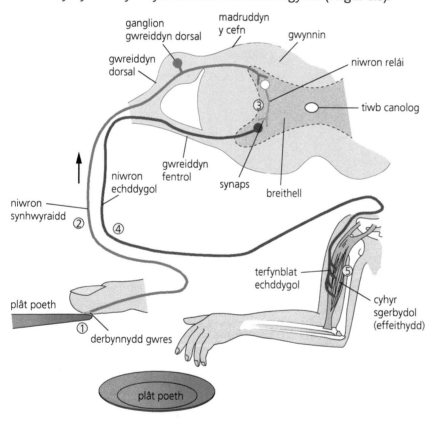

Ffigur 8.3 Toriad drwy fadruddyn y cefn a'r llwybrau y mae'r niwronau yn eu ffurfio yn yr atgyrch tynnu yn ôl

+ Mae niwronau synhwyraidd yn mynd i mewn i fadruddyn y cefn drwy'r gwreiddyn dorsal. Mae cellgyrff y niwronau synhwyraidd wedi'u lleoli yn y ganglion gwreiddyn dorsal.
+ Mae gwynnin madruddyn y cefn yn cynnwys acsonau myelinedig, sy'n rhoi ei liw gwyn iddo. Mae'r freithell yn cynnwys cellgyrff.
+ Mae'r niwronau echddygol yn gadael madruddyn y cefn drwy'r gwreiddyn fentrol.

Gallwch chi wirio eich atebion yma: **www.hoddereducation.co.uk/fynodiadauadolygu**

Mae gan organebau syml fel *Hydra* nerfrwydau

Mae system nerfol *Hydra* yn cynnwys nerfgelloedd syml gydag estyniadau byr, sydd wedi'u cysylltu â'i gilydd i ffurfio nerfrwyd. Mae'r nerfau'n canghennu i nifer o wahanol gyfeiriadau. Dim ond i nifer cyfyngedig o ysgogiadau mae'r derbynyddion synhwyraidd yn gallu ymateb. Mae hyn yn golygu, felly, mai dim ond nifer bach o effeithyddion sydd.

> **Nerfrwyd** Rhwydwaith gwasgaredig o nerfgelloedd sy'n trawsyrru impylsau i bob cyfeiriad o bwynt yr ysgogiad.

Mae niwronau echddygol yn cynnwys cellgorff ac acson

Mae Ffigur 8.4 yn dangos adeiledd niwron echddygol mamolyn.

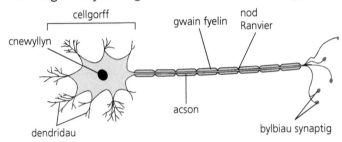

Ffigur 8.4 Niwron echddygol myelinedig

Mae'r cellgorff yn cynnwys y cnewyllyn a'r rhan fwyaf o organynnau'r gell, gan gynnwys ribosomau, sy'n syntheseiddio niwrodrawsyrrydd, a mitocondria, sy'n darparu ATP i bweru'r pwmp Na^+/K^+.

Mae dendridau'n cludo impylsau nerfol o gelloedd eraill i'r cellgorff. Yna, mae'r acson yn cludo'r impylsau nerfol hyn oddi wrth y cellgorff. Mae'r potensial gweithredu'n teithio i'r bwlyn synaptig, lle mae'r impwls yna'n gallu croesi'r synaps fel signal cemegol.

Mae rhai o acsonau'r asgwrn cefn wedi'u hamgylchynu â gweiniau myelin lipid, sy'n gweithredu fel ynysydd trydanol. Celloedd Schwann, sydd wedi'u lapio o gwmpas yr acson, sy'n cynhyrchu'r wain fyelin. Mae bylchau yn y wain fyelin o'r enw nodau Ranvier.

Mae potensialau gweithredu'n cael eu lledaenu ar hyd acsonau

ADOLYGU

+ Mae impylsau nerfol yn cael eu trawsyrru ar hyd niwronau gan botensialau gweithredu sy'n cael eu lledaenu ar hyd acsonau.
+ Pan nad yw acson yn trawsyrru potensial gweithredu, mae'r potensial gorffwys yn cael ei gynnal. Y pympiau sodiwm–potasiwm sy'n gwneud hyn drwy gludo tri ïon Na^+ yn actif allan o'r acson am bob dau ïon K^+ sy'n cael eu pwmpio i mewn i'r acson (Ffigur 8.5).
+ Mae sianeli Na^+ foltedd-adwyedig wedi'u cau ond mae rhai sianeli K^+ yn caniatáu i K^+ ollwng allan o'r acson. Mae'r cytoplasm hefyd yn cynnwys anionau protein mawr a ffosffadau organig, fel ATP^{4-}. Mae hyn yn arwain at wahaniaeth potensial negatif ($-70\,mV$) o gymharu â'r tu allan i'r acson.

55

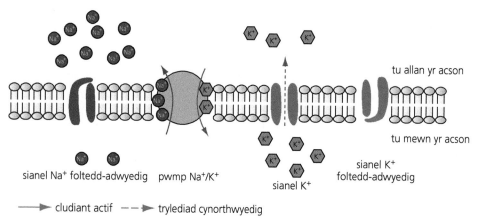

cludiant actif   trylediad cynorthwyedig

Ffigur 8.5 Adeiledd pilen niwron sy'n gorffwys

> **Cysylltiadau**
>
> Gan fod gwefr ar Na+ a K+, dydyn nhw ddim yn gallu tryledu drwy gynffonnau asid brasterog haen ddeuol y ffosffolipid. Mae hyn yn golygu mai dim ond drwy'r pwmp Na+/K+ neu'r sianeli ïonau maen nhw'n gallu symud.

+ Mae potensial gweithredu yn cael ei gynhyrchu gan newid foltedd ar draws pilen yr acson. Agor y sianeli Na+ foltedd-adwyedig sy'n achosi hyn. Mae hyn yn achosi i Na+ lifo i mewn (tryledu i mewn yn gyflym iawn). Mae hyn yn dadbolareiddio'r acson, gan arwain at wahaniaeth potensial positif (+40 mV) o gymharu â'r tu allan i'r acson (Ffigur 8.6).

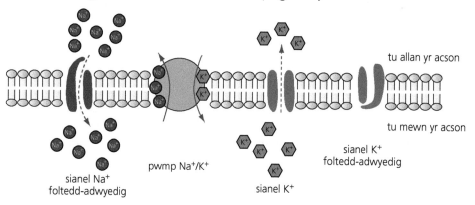

Ffigur 8.6 Y niwron actif

+ Ar ôl y potensial gweithredu, mae pilen yr acson yn cael ei **hailbolareiddio** (Ffigur 8.7). Mae'r sianeli Na+ foltedd-adwyedig yn cau ac mae'r sianeli K+ yn agor. Mae hyn yn achosi i ïonau K+ lifo allan o'r acson, gan leihau'r gwahaniaeth potensial ar draws y bilen. Mae hyn yn achosi i'r gwahaniaeth potensial fynd yn is na'r potensial gorffwys. Mae'r gorymateb hwn yn achosi'r cyfnod diddigwydd, lle mae'r bilen wedi'i **hyperbolareiddio**.

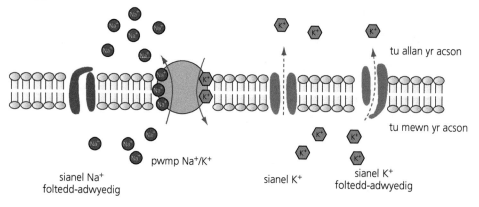

Ffigur 8.7 Ailbolareiddio'r bilen

Gallwch chi wirio eich atebion yma: www.hoddereducation.co.uk/fynodiadauadolygu

✦ Does dim modd cynhyrchu potensialau gweithredu newydd pan mae'r bilen wedi'i hyperbolareiddio yn ystod y cyfnod diddigwydd. Mae hyn yn sicrhau mai dim ond i un cyfeiriad y mae'r potensial gweithredu'n cael ei ledaenu.

✦ Yn ystod y cyfnod diddigwydd, caiff y potensial gorffwys ei adfer. Mae'r pwmp Na+/K+ yn adfer cydbwysedd Na+ a K+, gan ddychwelyd y gwahaniaeth potensial ar draws y bilen i –70mV (Ffigur 8.8).

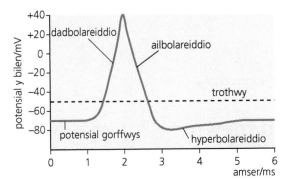

Ffigur 8.8 Y newid i wahaniaeth potensial pilen ar hyd taith potensial gweithredu

Mae Ffigur 8.9 yn crynhoi sut mae potensial gweithredu'n lledaenu.

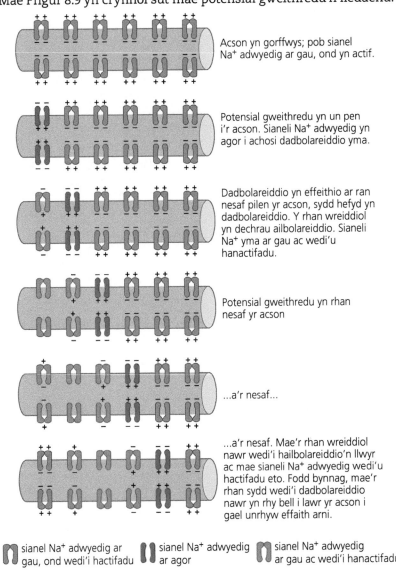

Acson yn gorffwys; pob sianel Na+ adwyedig ar gau, ond yn actif.

Potensial gweithredu yn un pen i'r acson. Sianeli Na+ adwyedig yn agor i achosi dadbolareiddio yma.

Dadbolareiddio yn effeithio ar ran nesaf pilen yr acson, sydd hefyd yn dadbolareiddio. Y rhan wreiddiol yn dechrau ailbolareiddio. Sianeli Na+ yma ar gau ac wedi'u hanactifadu.

Potensial gweithredu yn rhan nesaf yr acson

...a'r nesaf...

...a'r nesaf. Mae'r rhan wreiddiol nawr wedi'i hailbolareiddio'n llwyr ac mae sianeli Na+ adwyedig wedi'u hactifadu eto. Fodd bynnag, mae'r rhan sydd wedi'i dadbolareiddio nawr yn rhy bell i lawr yr acson i gael unrhyw effaith arni.

⋒ sianel Na+ adwyedig ar gau, ond wedi'i hactifadu ⋒⋒ sianel Na+ adwyedig ar agor ⋒ sianel Na+ adwyedig ar gau ac wedi'i hanactifadu

Ffigur 8.9 Lledaeniad potensial gweithredu ar hyd niwron heb fyelin

Mae maint y potensial gweithredu'n annibynnol ar faint yr ysgogiad

ADOLYGU

Mae'r ddeddf 'popeth neu ddim' yn datgan bod pob potensial gweithredu yr un maint, beth bynnag yw maint yr ysgogiad.

Er mwyn cynhyrchu potensial gweithredu, mae'n rhaid i'r ysgogiad fod yn fwy na gwerth trothwy. Mae hyn yn golygu bod digon o sianeli Na^+ yn agor i ddadbolareiddio'r bilen.

Gallwn ni ddefnyddio osgilosgop pelydryn catod i ddangos y newid i wahaniaeth potensial wrth gynhyrchu potensial gweithredu. Pan gaiff microelectrodau eu rhoi y tu mewn a'r tu allan i'r acson, mae'n cynhyrchu'r olin.

Gallwn ni gynyddu cyfradd dargludiad mewn niwron mewn tair ffordd

ADOLYGU

+ Tymheredd – mae tymheredd uwch yn arwain at fuanedd dargludo cyflymach; mae hyn oherwydd bod gan yr ïonau fwy o egni cinetig a'u bod nhw felly'n tryledu ar gyfradd gyflymach.
+ Diamedr yr acson – mae diamedr acson mwy yn arwain at fuanedd dargludo cyflymach.
+ Gwain fyelin – mae acsonau myelinedig yn dargludo potensialau gweithredu yn gyflymach nag acsonau anfyelinedig.

Gweiniau myelin o gwmpas acsonau

Mae myelin yn ynysydd trydanol, felly dim ond yn y bylchau yn y myelin mae sianeli ïonau foltedd-adwyedig i'w cael – nodau Ranvier. Mae hyn yn golygu mai dim ond yn nodau Ranvier mae dadbolareiddio'n digwydd. Mae hyn yn caniatáu i'r potensial gweithredu 'neidio' o un nod Ranvier i'r nesaf, gan gyflymu lledaeniad ar hyd yr acson. Enw'r broses hon yw dargludiad neidiol (Ffigur 8.10).

> **Dargludiad neidiol**
> Lledaeniad potensialau gweithredu o un nod Ranvier i'r nesaf ar hyd acson myelinedig.

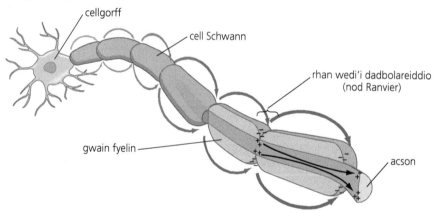

Ffigur 8.10 Dargludiad neidiol mewn niwron myelinedig

Mae synapsau yn cysylltu niwronau â'i gilydd

Yn y synapsau, mae'r potensial gweithredu'n cael ei drawsnewid o signal trydanol i signal cemegol

ADOLYGU

Dyma sut mae proses trawsyriant synaptig yn digwydd:
+ Mae'r potensial gweithredu'n cyrraedd synaps (Ffigur 8.11).

Gallwch chi wirio eich atebion yma: **www.hoddereducation.co.uk/fynodiadauadolygu**

- Mae hyn yn achosi i sianeli Ca^{2+} agor. Yna, mae ïonau Ca^{2+} yn tryledu i mewn i ben yr acson. Mae hyn yn achosi i fesiglau synaptig sy'n cynnwys niwrodrawsyrrydd (e.e. asetylcolin) symud at y bilen ragsynaptig.
- Mae'r fesiglau synaptig yn asio â'r bilen ragsynaptig ac mae'r niwrodrawsyrrydd yn cael ei ryddhau i'r hollt synaptig drwy gyfrwng ecsocytosis.
- Mae'r niwrodrawsyrrydd yn tryledu ar draws yr hollt synaptig ac yn rhwymo wrth y derbynyddion ar y bilen ôl-synaptig, gan agor sianeli Na^+ ar y bilen ôl-synaptig.
- Mae ïonau Na^+ yn tryledu drwy'r bilen ôl-synaptig. Os oes digon o sianeli Na^+ yn agor caiff y bilen ei dadbolareiddio, gan gynhyrchu potensial gweithredu (Ffigur 8.12).

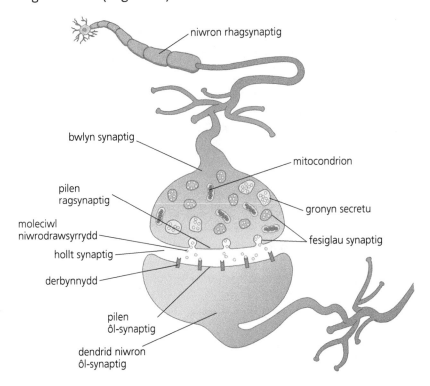

Ffigur 8.11 Adeiledd synaps colinergig

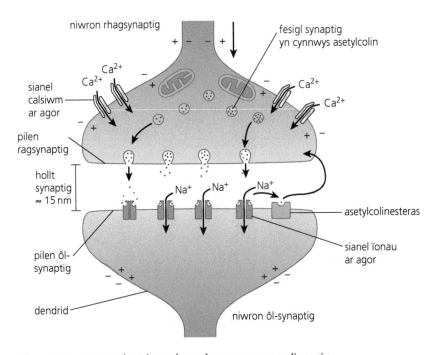

Ffigur 8.12 Trawsyriant impwls ar draws synaps colinergig

Fy Nodiadau Adolygu: CBAC U2 Bioleg

I atal impylsau rhag uno ar synapsau, mae angen 'ailosod' y synaps yn barod am y potensial gweithredu nesaf. Mae hyn yn digwydd mewn nifer o ffyrdd:

+ Cludo ïonau calsiwm yn actif allan o'r bwlyn synaptig.
+ Ensymau yn torri'r niwrodrawsyrrydd yn y derbynnydd i lawr – er enghraifft, colinesteras yn torri asetylcolin i lawr – ac adamsugno'r cynhyrchion drwy'r bilen ragsynaptig.
+ Gall y niwrodrawsyrrydd gael ei adamsugno drwy'r bilen ragsynaptig o'r hollt synaptig (e.e. serotonin).

Gweithgaredd adolygu

Lluniadwch ddiagram mawr i ddangos camau trawsyriant synaptig. Anodwch y diagram â'r pwyntiau ar y chwith.

Gall cemegion effeithio ar drawsyriant synaptig

ADOLYGU

Mae cemegion sy'n effeithio ar drawsyriant synaptig yn cynnwys organoffosffadau a chyffuriau seicoweithredol.

Mae cyffuriau cyffroadol yn cynyddu nifer y potensialau gweithredu y mae'r bilen ôl-synaptig yn eu cynhyrchu, ac mae cyffuriau ataliol yn lleihau nifer y potensialau gweithredu mae'r bilen ôl-synaptig yn eu cynhyrchu.

Mae gweithyddion fel pryfleiddiaid organoffosfforws yn gemegion cyffroadol. Maen nhw'n atal colinesteras; mae hyn yn atal asetylcolin rhag cael ei dorri i lawr yn y derbynyddion ar y bilen ôl-synaptig, gan gynyddu nifer y potensialau gweithredu.

Cyffur seicoweithredol
Cemegyn sy'n newid y ffordd mae'r system nerfol yn gweithio, er enghraifft, gan achosi newidiadau i hwyliau ac ymddygiad.

Profi eich hun

PROFI

5 Beth yw'r gwahaniaeth potensial mewn potensial gweithredu?

6 Ymlifiad pa ïonau sy'n achosi i'r fesiglau synaptig symud at y bilen ragsynaptig?

7 Ym mha bwyntiau ar acson myelinedig mae dadbolareiddio yn digwydd?

8 Sut mae diamedr acson yn effeithio ar fuanedd trawsyriant nerfol?

Crynodeb

Dylech chi allu:
+ Disgrifio adeiledd y brif system nerfol a madruddyn y cefn.
+ Disgrifio llwybr atgyrch syml.
+ Disgrifio adeiledd nerfrwyd a'i gymharu â systemau nerfol organebau mwy cymhleth.
+ Disgrifio adeiledd niwron echddygol.

+ Esbonio sut caiff impylsau nerfol eu trawsyrru ar hyd acson.
+ Disgrifio siâp olin potensial gweithredu ar osgilosgop.
+ Esbonio'r ffactorau sy'n effeithio ar fuanedd dargludo impylsau nerfol.
+ Esbonio proses trawsyriant synaptig.
+ Esbonio effeithiau cemegion ar drawsyriant synaptig.

Cwestiynau enghreifftiol

1 Mae ω-conotocsin yn niwrotocsin sy'n cael ei gynhyrchu gan gregyn pigfain sy'n atal llif ïonau calsiwm drwy sianeli.

   a Awgrymwch sut mae'r niwrotocsin hwn yn effeithio ar:

   i synaps [4]

   ii un o nodau Ranvier [2]

   b Mae tetrodotocsin yn niwrotocsin gwahanol. Mae'n atal llif ïonau sodiwm drwy sianeli. Rydyn ni wedi dangos ei fod yn atal potensialau gweithredu rhag cael eu cynhyrchu mewn nodau Ranvier unigol ac yn y bilen ôl-synaptig. Esboniwch yr arsylw hwn. [2]

2 Mae astudiaeth yn cael ei chynnal ar niwrodrawsyrru mewn rhywogaeth cnidariad. Mae ganddo system nerfol debyg i *Hydra*, sydd hefyd yn gnidariad.

   a Nodwch yr enw sy'n cael ei roi ar y math hwn o system nerfol. [1]

   b Mae'r astudiaeth yn canfod bod yr acsonau sy'n ymwneud â'r ymateb sy'n caniatáu i organebau ddianc rhag ysglyfaethwyr yn fwy na'r rhai mewn rhannau eraill o'r system nerfol. Esboniwch yr arsylw hwn. [2]

   c Mae buanedd trawsyrru'r niwronau hyn yn arafach nag acsonau dynol, sydd â diamedr llai. Awgrymwch reswm dros hyn. [3]

   ch Mewn ymchwiliad arall, mae angen cynyddu buanedd dargludo holl niwronau'r cnidariad. Awgrymwch ddull o wneud hyn a thrafodwch ystyriaethau moesegol y dull rydych chi wedi'i ddewis. [3]

Gallwch chi wirio eich atebion yma: **www.hoddereducation.co.uk/fynodiadauadolygu**

9 Atgenhedlu rhywiol mewn bodau dynol

Mae atgenhedlu mewn bodau dynol yn dibynnu ar ffrwythloniad mewnol

Mae'r systemau atgenhedlu gwrywol a benywol (Ffigurau 9.1 a 9.2) wedi addasu i ganiatáu ffrwythloniad mewnol.

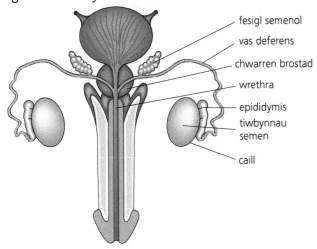

fesigl semenol
vas deferens
chwarren brostad
wrethra
epididymis
tiwbynnau semen
caill

Ffigur 9.1 Y system atgenhedlu wrywol

Adeiledd	Swyddogaeth
Ceillgwd	Dal y ceilliau
Ceilliau	Cynnwys y tiwbynnau semen lle mae sbermatogenesis (cynhyrchu sbermatosoa, y gametau gwrywol) yn digwydd
Epididymis	Lle mae'r sbermatosoa'n aeddfedu
Vas deferens	Cysylltu'r epididymis â'r wrethra
Fesigl semenol	Cynhyrchu secretiad sy'n helpu'r sbermatosoa i symud
Chwarren brostad	Cynhyrchu secretiad sy'n niwtralu alcali'r troeth
Wrethra	Tiwb sy'n cludo troeth a sbermatosoa allan o'r corff
Pidyn	Organ ymwthiol sy'n cael ei ddefnyddio i roi sbermatosoa i mewn yn system atgenhedlu'r fenyw

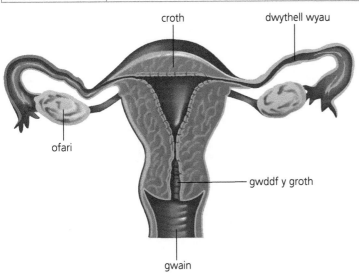

croth
dwythell wyau
ofari
gwddf y groth
gwain

Ffigur 9.2 Y system atgenhedlu fenywol

> **Sbermatogenesis** Cynhyrchu sbermatosoa.
>
> **Organ ymwthiol** Organ allanol gwrywol arbenigol sy'n cyflenwi sberm.

Adeiledd	Swyddogaeth
Ofari	Mae oogenesis (cynhyrchu oocytau, sef y gametau benywol) yn digwydd yn yr ofari
Dwythell wyau (tiwb Fallopio)	Safle ffrwythloniad (lle mae sbermatosoon yn asio ag oocyt); mae'r ffrwythloniad yn ffurfio sygot, sydd yna'n symud i lawr y ddwythell wyau tuag at y groth
Croth	Mae'r embryo yn mewnblannu yn leinin y groth (yr endometriwm) ac yna'n parhau i ddatblygu yn y groth
Gwain	Yn ystod cyfathrach rywiol, caiff sbermatosoa eu gadael ym mhen uchaf y wain

Enw'r broses o gynhyrchu gametau yw gametogenesis

> **Oogenesis** Cynhyrchu oocytau eilaidd.

Celloedd haploid yw gametau, sy'n cynnwys hanner y nifer diploid llawn o gromosomau. Mae gamet yn cynnwys un cromosom o bob pâr homologaidd.

> **Gametogenesis** Cynhyrchu gametau.

+ Sbermatogenesis yw'r broses o gynhyrchu sbermatosoa (celloedd sberm) ac mae'n digwydd yn y tiwbynnau semen yn y ceilliau.
+ Mae oogenesis (cynhyrchu oocytau) yn digwydd yn yr ofarïau.

Caiff sberm eu cynhyrchu yn y tiwbynnau semen

ADOLYGU

+ Mae celloedd epithelaidd cenhedlol yn cyflawni mitosis i ffurfio sbermatogonia (celloedd diploid).
+ Mae sbermatogonia yn cyflawni mitosis i ffurfio sbermatocytau cynradd (celloedd diploid).
+ Mae sbermatocytau cynradd yn cyflawni meiosis I i ffurfio sbermatocytau eilaidd haploid. Mae sbermatocytau eilaidd haploid yn cwblhau meiosis II i ffurfio sbermatidau (Ffigur 9.3).
+ Yna, mae sbermatidau'n aeddfedu i ffurfio sberm (sbermatosoa).

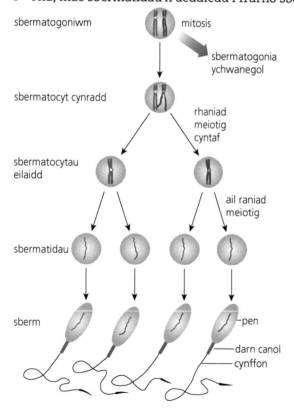

sbermatogoniwm — mitosis — sbermatogonia ychwanegol

sbermatocyt cynradd — rhaniad meiotig cyntaf

sbermatocytau eilaidd — ail raniad meiotig

sbermatidau

sberm — pen — darn canol — cynffon

Ffigur 9.3 Proses sbermatogenesis

Gallwch chi wirio eich atebion yma: **www.hoddereducation.co.uk/fynodiadauadolygu**

Mae celloedd Sertoli yn y tiwbynnau semen yn rhoi maeth i sberm (Ffigur 9.4) ac yn eu hamddiffyn nhw rhag y system imiwnedd. Mae celloedd interstitaidd (celloedd Leydig) hefyd i'w cael yn y gaill ac yn secretu testosteron. Hormon sy'n ymwneud ag ysgogi proses sbermatogenesis yw testosteron.

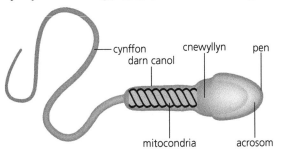

Ffigur 9.4 Diagram o adeiledd sberm

Mae oogenesis yn cynhyrchu oocytau yn yr ofarïau

ADOLYGU ○

Mae cam cyntaf oogenesis yn digwydd cyn genedigaeth.
+ Mae oogonia yn rhannu drwy gyfrwng mitosis i ffurfio oocytau cynradd (diploid). Mae'r oocytau cynradd yn dechrau meiosis ond yn stopio yn ystod proffas I.
+ Mae celloedd epitheliwm cenhedlol hefyd yn rhannu i ffurfio celloedd ffoligl, sy'n amgylchynu'r oocyt cynradd.

Mae cam nesaf oogenesis yn digwydd unwaith y mis ar ôl i'r ferch gyrraedd y glasoed.
+ Mae llawer o ffoliglau'n dechrau datblygu, ond dim ond un sy'n aeddfedu'n ffoligl Graaf.
+ Mae'r oocyt cynradd yn cwblhau meiosis I i ffurfio oocyt eilaidd haploid a chorffyn pegynol.
+ Mae'r ffoligl Graaf aeddfed yn symud i arwyneb yr ofari, lle mae'n rhyddhau'r oocyt eilaidd – ofwliad yw hyn.
+ Yna mae'r oocyt eilaidd yn dechrau meiosis II ond mae'n stopio ym metaffas II.
+ Os yw cell sberm yn mynd i mewn i'r oocyt a bod ffrwythloniad yn digwydd, bydd yr oocyt eilaidd yn cwblhau meiosis II, gan ffurfio ofwm ac ail gorffyn pegynol.
+ Mae cnewyllyn y sberm yn asio â chnewyllyn yr oocyt eilaidd i ffurfio'r sygot.

Yn ystod oogenesis, mae meiosis I a hefyd meiosis II yn cynnwys hollti'r cytoplasm yn anghytbwys. Mae'n bwysig bod yr oocyt yn cynnwys cymaint o gytoplasm â phosibl i ddarparu maeth i'r embryo sy'n datblygu nes iddo gyrraedd yr endometriwm.

Mae hyn yn cael ei gyflawni drwy ffurfio corffynnau pegynol yn ystod meiosis I a hefyd meiosis II. Mae corffynnau pegynol yn haploid felly maen nhw'n cynnwys hanner set lawn o gromosomau, ond maen nhw'n fach iawn a does dim modd eu ffrwythloni nhw.

Mae ffrwythloniad yn digwydd yn y dwythellau wyau

Yn ystod cyfathrach rywiol, caiff sbermatosoa eu halldaflu o'r epididymis. Maen nhw'n teithio i fyny'r vas deferens ac allan drwy'r wrethra. Mae secretiadau o'r fesigl semenol yn helpu sbermatosoa i symud, ac mae secretiadau o'r chwarren brostad yn niwtralu alcali unrhyw droeth sydd yn yr wrethra.

Caiff y sbermatosoa eu gadael ym mhen uchaf y wain. Maen nhw'n nofio i fyny allan o'r wain drwy wddf y groth, ar hyd leinin y groth ac i mewn i'r ddwythell wyau lle maen nhw'n cwrdd â'r oocyt eilaidd, sydd wedi'i ryddhau o'r ofari.

Mae gallueiddio yn gorfod digwydd cyn i gell sberm allu ffrwythloni'r oocyt

ADOLYGU

Proses fiocemegol yw galluiddio sy'n digwydd sawl awr ar ôl i'r sberm fynd i lwybr atgenhedlu'r fenyw. Mae'r bilen o gwmpas yr acrosom ym mhen y sberm yn mynd yn fwy athraidd ac yn paratoi am yr adwaith acrosom fydd yn digwydd pan mae'r sberm yn ceisio mynd i mewn i'r oocyt.

Ar ôl i allueiddio ddigwydd, mae'r gell sberm yn barod i fynd i mewn i'r oocyt.

Galluieiddio Proses fiocemegol lle mae'r bilen o gwmpas acrosom y sberm yn mynd yn fwy athraidd i baratoi ar gyfer ffrwythloniad.

Mae'r adwaith acrosom yn cael ei sbarduno wrth i sberm ddod i gysylltiad â haen allanol yr oocyt

ADOLYGU

I wneud hyn, mae'n rhaid i'r sberm wthio drwy gelloedd y corona radiata sy'n amgylchynu'r oocyt. Wrth ddod i gysylltiad â'r zona pellucida (haen allanol yr oocyt) mae pilen yr acrosom yn rhwygo, gan ryddhau ensymau hydrolas. Mae'r ensymau hyn yn treulio eu ffordd drwy'r zona pellucida, sy'n ffurfio'r haen jeli allanol o gwmpas yr oocyt. Mae pilenni'r sberm a'r oocyt yn asio, ac yna mae'r defnydd genynnol o'r sberm yn mynd i mewn i'r oocyt.

Yna, mae'r adwaith cortigol yn digwydd

ADOLYGU

+ Mae'r gronynnau cortigol yn asio â chellbilen yr oocyt.
+ Mae cynnwys y gronynnau cortigol yn achosi i'r zona pellucida addasu.
+ Yna, mae pilen ffrwythloniad yn ffurfio; mae hyn yn atal polysbermedd, sef sberm ychwanegol yn mynd i mewn i'r oocyt.

Pan mae defnydd genynnol y sberm yn mynd i mewn, mae hyn yn ysgogi'r oocyt eilaidd i gwblhau meiosis II. Yna, mae cnewyllyn haploid y sberm yn asio â chnewyllyn haploid yr oocyt i ffurfio cnewyllyn diploid y sygot.

Adwaith acrosom Adwaith sy'n digwydd wrth i'r sberm ddod i gysylltiad â haen allanol yr oocyt; mae pilen yr acrosom yn rhwygo ac yn rhyddhau ensymau hydrolas.

Ar ôl i ffrwythloniad ddigwydd, mae'r sygot yn symud i lawr y ddwythell wyau

ADOLYGU

Mae'r sygot yn rhannu'n gyflym iawn drwy gyfrwng mitosis i ffurfio pêl wag o gelloedd o'r enw blastocyst. Ymraniad yw enw'r cellraniad cyflym hwn. Pan mae'r blastocyst yn cyrraedd y groth, mae'n mewnblannu yn leinin y groth (yr endometriwm). Enw haen allanol y blastocyst yw'r corion, ac enw haen allanol y corion yw'r troffoblast.

Mae'r corion yn datblygu filysau corionig sy'n amsugno maetholion drwy'r endometriwm. Mae siâp hir, tenau'r filysau yn golygu bod ganddyn nhw arwynebedd arwyneb mawr. Mae'r brych yn datblygu rhwng meinweoedd y fam a'r ffoetws.

Blastocyst Pêl wag o gelloedd sy'n ffurfio o fitosis y sygot.

Corion Haen allanol y blastocyst, sy'n datblygu filysau corionig.

Profi eich hun

PROFI

1 Pa gelloedd sy'n cael eu cynhyrchu o sbermatocytau eilaidd yn ystod sbermatogenesis?
2 Ble mae sbermatosoa'n aeddfedu?
3 Ar ba gam mae meiosis I yn stopio yn ystod oogenesis?
4 Beth sy'n atal mwy nag un sberm rhag mynd i mewn i'r oocyt?

Gallwch chi wirio eich atebion yma: **www.hoddereducation.co.uk/fynodiadauadolygu**

Hormonau sy'n rheoli'r gylchred fislifol

Mae'r chwarren bitwidol flaen yn secretu hormon ysgogi ffoliglau

ADOLYGU ●

+ Mae hormon ysgogi ffoliglau (FSH: *follicle stimulating hormone*) yn ysgogi ffoligl i aeddfedu yn yr ofari. Mae hefyd yn ysgogi'r ofarïau i gynhyrchu oestrogen.
+ Mae oestrogen yn atal rhyddhau FSH ac yn ysgogi'r chwarren bitwidol flaen i ryddhau hormon lwteineiddio (LH: *luteinising hormone*). Mae oestrogen hefyd yn sbarduno'r broses o atgyweirio'r endometriwm.
+ Mae LH yn achosi i ofwliad ddigwydd ac yn achosi i ffoligl Graaf ddatblygu i ffurfio'r corpus luteum.
+ Mae'r corpus luteum yn secretu progesteron ac yn achosi i'r endometriwm ddatblygu ymhellach.
+ Os nad yw mewnblaniad yn digwydd, mae lefelau FSH a LH yn gostwng, gan achosi i'r corpus luteum ddirywio. Mae lefelau progesteron hefyd yn gostwng, ac mae'r endometriwm yn ymddatod ac yn gadael y groth yn ystod mislif (Ffigur 9.5).

> **Corpus luteum** Y 'corff melyn' sy'n ffurfio o ffoligl Graaf ar ôl ofwliad.

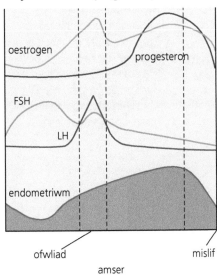

Ffigur 9.5 Rheolaeth hormonaidd dros y gylchred fislifol

Hormonau sy'n rheoli beichiogrwydd

Mae'r embryo sy'n datblygu'n rhyddhau gonadotroffin corionig dynol

ADOLYGU ●

+ Yr hormon gonadotroffin corionig dynol (hCG: *human chorionic gonadoptropin*) sy'n cynnal y corpus luteum am 16 wythnos gyntaf y beichiogrwydd.
+ Mae'r brych yn secretu progesteron ac oestrogen. Mae progesteron yn atal gallu mur y groth i gyfangu. Mae oestrogen yn ysgogi twf y groth a datblygiad y chwarennau llaeth.
+ Mae secretu FSH ac LH yn cael ei atal.

> **hCG** Gonadotroffin corionig dynol (*human chorionic gonadotropin*), hormon sy'n cael ei gynhyrchu gan yr embryo sy'n cynnal y corpus luteum.

Mae lefelau oestrogen yn cynyddu a lefelau progesteron yn gostwng yn fuan cyn genedigaeth

ADOLYGU

+ Mae'r gostyngiad mewn progesteron yn caniatáu i fur y groth gyfangu.
+ Mae'r chwarren bitwidol flaen yn rhyddhau ocsitosin, sy'n ysgogi mur y groth i gyfangu. Gan fod cyfangiadau mur y groth yna'n arwain at ryddhau mwy o ocsitosin, mae hyn yn enghraifft o adborth positif. Mae ocsitosin hefyd yn gweithredu ar y chwarennau llaeth i ganiatáu i laeth gael ei ryddhau o'r deth.
+ Mae'r chwarren bitwidol flaen hefyd yn rhyddhau prolactin cyn ac ar ôl genedigaeth, sy'n ysgogi'r chwarennau llaeth i gynhyrchu llaeth.

> **Ocsitosin** Hormon sy'n cael ei ryddhau gan y chwarren bitwidol flaen sy'n ysgogi mur y groth i gyfangu.

Y brych sy'n cysylltu'r ffoetws sy'n datblygu â mur y groth

ADOLYGU

Organ yw'r brych sy'n cysylltu'r ffoetws sy'n datblygu â mur y groth drwy'r llinyn bogail.

Mae swyddogaethau'r brych (Ffigur 9.6) yn cynnwys:
+ Cyfnewid nwyon a maetholion – mae maetholion, fel ocsigen a glwcos, yn tryledu o waed y fam i waed y ffoetws ac mae gwastraff, fel carbon deuocsid, yn tryledu o waed y ffoetws i waed y fam.
+ Darparu rhwystr rhwng gwaed y fam a gwaed y ffoetws.
+ Amddiffyn rhag system imiwnedd y fam – mae gan y ffoetws antigenau gwahanol i'r fam, felly byddai system imiwnedd y fam yn ymosod ar y ffoetws pe bai'n dod i gysylltiad ag ef.
+ Amddiffyn rhag y gwahaniaethau rhwng pwysedd gwaed y fam a'r ffoetws.
+ Secretu hormonau – mae'r brych yn secretu oestrogen a phrogesteron.
+ Mae'r hylif amniotig o gwmpas y ffoetws yn ei amddiffyn rhag ardrawiadau, gan weithredu fel sioc laddwr.

> **Cysylltiadau**
>
> Mae gan haemoglobin ffoetws affinedd uwch ag ocsigen na haemoglobin y fam. Mae hyn yn golygu bod y ffoetws yn gallu cymryd ocsigen o waed y fam ar bob gwasgedd rhannol.

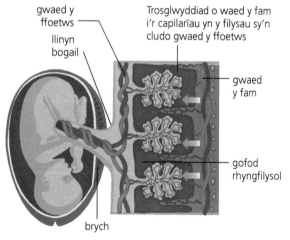

gwaed y ffoetws

llinyn bogail

Trosglwyddiad o waed y fam i'r capilarïau yn y filysau sy'n cludo gwaed y ffoetws

gwaed y fam

gofod rhyngfilysol

brych

Ffigur 9.6 Adeiledd y brych

Profi eich hun

PROFI

5 Beth sy'n digwydd i lefelau progesteron os yw ffrwythloniad yn digwydd?

6 Pa hormon sy'n cael ei gynhyrchu gan yr embryo sy'n datblygu?

7 Pa hormon sy'n ysgogi'r chwarennau llaeth i gynhyrchu llaeth?

8 Beth yw'r blastocyst?

Gallwch chi wirio eich atebion yma: **www.hoddereducation.co.uk/fynodiadauadolygu**

Crynodeb

Dylech chi allu:

+ Disgrifio adeileddau a swyddogaethau'r systemau atgenhedlu gwrywol a benywol.

+ Esbonio prosesau sbermatogenesis, oogenesis, ffrwythloniad a mewnblannu.
+ Disgrifio rheolaeth endocrin dros atgenhedlu benywol.
+ Esbonio swyddogaeth y brych.

Cwestiynau enghreifftiol

1 a Esboniwch bwysigrwydd FSH ac LH yn y gylchred fislifol. [3]

b Awgrymwch pam gallwn ni ddefnyddio tabledi sy'n cynnwys progesteron fel dull atal cenhedlu, ond nid tabled sy'n cynnwys LH. [3]

c Yn aml, bydd profion beichiogrwydd yn canfod hCG. Esboniwch pam mae canlyniadau negatif anghywir yn llawer mwy cyffredin yn y math hwn o brawf beichiogrwydd na chanlyniadau positif anghywir. [2]

2 a i Nodwch faint o gametau sy'n cael eu cynhyrchu o un oocyt cynradd yn ystod oogenesis ac un sbermatocyt cynradd yn ystod sbermatogenesis. [2]

ii Esboniwch bwysigrwydd y gwahaniaeth rhwng eich dau ateb i (i). [4]

b Mae rhywun wedi cynnig damcaniaeth y gallai ffrwythloni corffynnau pegynol esbonio sut mae gefeilliaid yn ffurfio. Gwerthuswch y ddamcaniaeth hon. [3]

c Mae'r graff yn Ffigur 9.7 yn dangos canlyniadau ymchwiliad i sut mae ffrwythlondeb gwrywol a benywol yn newid gydag oed.

Defnyddiwch eich gwybodaeth am gametogenesis i esbonio canlyniadau'r ymchwiliad hwn. [4]

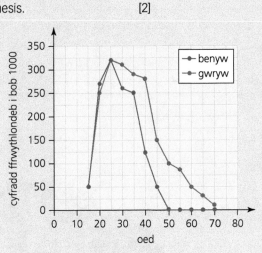

Ffigur 9.7

10 Atgenhedlu rhywiol mewn planhigion

Mae angiosbermau yn atgenhedlu'n rhywiol

Mae gamet gwrywol angiosbermau (planhigion blodeuol) wedi'i gynnwys mewn paill. Mae'r anther yn ei gynhyrchu drwy gyfrwng meiosis. Y gamet benywol yw'r gell wy sy'n cael ei chynhyrchu drwy gyfrwng meiosis yn yr ofwl. Er mwyn i ffrwythloniad mewnol ddigwydd, mae'n rhaid i'r gamet gwrywol ddod i gysylltiad â'r gamet benywol. Peilliad sy'n achosi hyn, sef trosglwyddo paill o anther un blodyn i stigma blodyn arall.

Mae blodau'n cael eu peillio gan bryfed neu gan y gwynt

ADOLYGU

Mae Ffigur 10.1 yn dangos adeileddau blodyn sy'n cael ei beillio gan y gwynt a blodyn sy'n cael ei beillio gan bryfed.

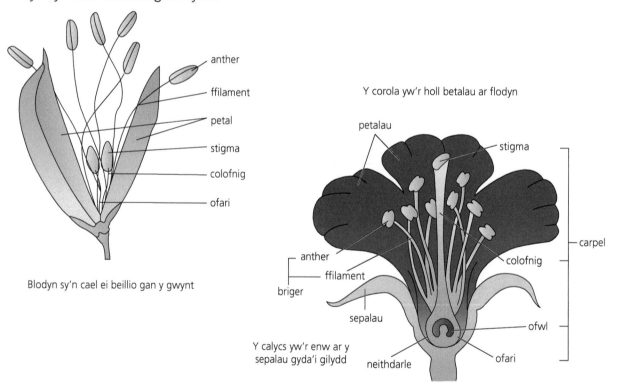

Ffigur 10.1 Adeiledd blodau sy'n cael eu peillio gan y gwynt a gan bryfed

Mae blodau planhigyn wedi addasu ar gyfer dull peillio penodol. Mae blodau sy'n cael eu peillio gan bryfed wedi addasu i ddenu pryfed. Mae paill o'r antheri yn glynu wrth bryfed, ac mae'r stigmâu yn derbyn paill oddi ar bryfed.

Mae blodau sy'n cael eu peillio gan y gwynt wedi addasu er mwyn i'r gwynt allu gwasgaru eu paill a hefyd i ddal paill sy'n cael ei chwythu gan y gwynt.

Gallwch chi wirio eich atebion yma: www.hoddereducation.co.uk/fynodiadauadolygu

Mae Tabl 10.1 yn dangos nodweddion blodau sy'n cael eu peillio gan bryfed.

Tabl 10.1 Nodweddion blodau sy'n cael eu peillio gan bryfed

Nodwedd	Swyddogaeth
Petalau lliw llachar, neithdar a phersawr	Denu pryfed at y blodyn
Symiau bach o baill gludiog	Pan mae pryfyn yn mynd i mewn i'r blodyn, mae'r paill gludiog yn glynu at gorff y pryfyn
Antheri a stigma y tu mewn i'r blodyn	Mae hyn yn cynyddu'r siawns y bydd y pryfyn yn codi'r paill oddi ar yr anther wrth fynd i mewn i'r blodyn, a hefyd yn cynyddu'r siawns y caiff paill o flodyn planhigyn arall ei adael ar y stigma

Mae Tabl 10.2 yn dangos nodweddion blodau sy'n cael eu peillio gan y gwynt.

Tabl 10.2 Nodweddion blodau sy'n cael eu peillio gan y gwynt

Nodwedd	Swyddogaeth
Blodau bach heb arogl a phetalau lliw pŵl	Does dim angen denu pryfed
Cynhyrchu symiau mawr o baill ysgafn	Mae'r symiau mawr yn cynyddu'r siawns y bydd peilliad yn digwydd, ac mae'r pwysau ysgafn yn cynyddu'r siawns y caiff y paill ei gludo gan y gwynt
Antheri a stigmâu mawr pluog yn hongian y tu allan i'r blodyn	Cynyddu'r siawns y bydd y gwynt yn chwythu'r paill o'r anther, ac mae gan y stigma pluog arwynebedd arwyneb mawr i ddal paill

---

Sgiliau ymarferol

Dyrannu blodau sy'n cael eu peillio gan bryfed a gan y gwynt

Yn y dasg ymarferol hon, byddwch chi'n dyrannu blodau sy'n cael eu peillio gan bryfed a gan y gwynt.

Ar gyfer y ddau fath o flodyn:

+ Archwiliwch y blodyn, gan geisio adnabod unrhyw rannau sydd yn y golwg.
+ Torrwch y blodyn yn ei hanner.
+ Defnyddiwch chwyddwydr i archwilio'r haneri, gan geisio adnabod unrhyw rannau newydd sydd yn y golwg nawr.
+ Lluniadwch y blodyn, gan labelu pob rhan rydych chi wedi'i hadnabod.

Cwestiynau ymarfer

1 Nodwch pa rannau o'r blodyn y byddech chi'n disgwyl gorfod torri'r blodyn yn ei hanner cyn gallu eu gweld.

2 Rhestrwch y rhagofalon diogelwch y byddwch chi'n eu cymryd wrth wneud y dasg ymarferol hon.

Cyngor

Wrth ddisgrifio petalau blodau sy'n cael eu peillio gan y gwynt, gwnewch yn siŵr eich bod chi'n defnyddio'r term lliw pŵl neu wyrdd. Yn y gorffennol, mae disgyblion wedi methu sgorio marciau drwy eu disgrifio nhw fel di-liw.

Mae dau fath o beilliad: hunanbeilliad a thrawsbeilliad

ADOLYGU

Mae hunanbeilliad yn digwydd pan mae'r paill o flodyn yn glanio ar stigma yr un blodyn neu flodyn arall ar yr un planhigyn.

Mae hunanbeilliad yn lleihau amrywiad genynnol oherwydd mae'r ddau gamet yn dod o'r un unigolyn. Mae hyn yn cynyddu'r siawns o ddirywiad mewnfridio (siawns uwch o fynegi nodweddion enciliol negyddol). Mae'r rhan fwyaf o blanhigion blodeuol wedi addasu i leihau faint o hunanbeilliad sy'n digwydd.

Trawsbeilliad yw trosglwyddo paill o anther un blodyn i stigma blodyn ar blanhigyn arall o'r un rhywogaeth.

Mae hyn yn cynyddu amrywiad genynnol oherwydd bod gametau o rieni gwahanol yn ffrwythloni ar hap. Mae'r rhan fwyaf o blanhigion wedi addasu i annog trawsbeilliad ac atal hunanbeilliad.

Hunanbeilliad Peillio yr un blodyn neu flodyn arall ar yr un planhigyn.

Trawsbeilliad Peillio blodyn ar blanhigyn arall.

Mae llawer o ffyrdd o leihau'r siawns o hunanbeilliad

+ Rhannau gwrywol a benywol y blodyn yn aeddfedu ar wahanol adegau, fel nad yw'n cynhyrchu paill ar adeg pan fyddai'r stigma yn gallu ei dderbyn.
+ Efallai y bydd yr anther a'r stigma wedi'u trefnu o fewn y blodyn mewn modd sy'n lleihau'r siawns o hunanbeilliad – e.e. efallai y byddan nhw ar wahanol uchderau.
+ Mae gan rai planhigion naill ai blodau gwrywol neu flodau benywol – e.e. celyn.
+ Hunan-anghymaredd cemegol.

Caiff gronynnau paill eu cynhyrchu yn yr anther drwy gyfrwng meiosis

Mae'r tapetwm yn darparu maetholion a moleciwlau signalu i'r gronynnau paill sy'n datblygu. Mae'r rhan fwyaf o ronynnau paill yn cynnwys un gell anatgenhedlol (ddim yn atgenhedlu) yn ogystal â chell genhedlol. Mae gan y gell genhedlol ddau gnewyllyn: cnewyllyn cenhedlol a chnewyllyn tiwb. Mae'r cnewyllyn cenhedlol yn rhannu drwy gyfrwng mitosis i ffurfio'r gametau gwrywol, ac mae'r cnewyllyn tiwb yn ffurfio'r tiwb paill.

Mae mur y gronyn paill wedi'i wneud o ddwy haen, sef yr intin mewnol, sydd wedi'i wneud o gellwlos, a'r ecsin allanol, haen wydn sy'n atal dysychiad (sychu). Mae hyn yn cynyddu'r siawns y bydd gronyn paill yn goroesi'r symudiad o'r anther i stigma blodyn arall.

Cyn gynted â bod y gronynnau paill yn aeddfed ac yn barod i gael eu rhyddhau o'r anther, mae'r anther yn sychu ac yn hollti ar hyd llinellau gwendid. Ymagor yw'r enw ar hyn. Mae'r gronynnau paill nawr yn agored i'r amgylchedd ac yn gallu cael eu codi gan bryfed, er enghraifft.

Tapetwm Meinwe yn yr anther sy'n darparu maetholion a moleciwlau signalu i'r gronynnau paill sy'n datblygu.

Intin Haen fewnol gronyn paill.

Ecsin Haen allanol wydn gronyn paill.

Ymagor Yr anther yn hollti ar hyd llinell wendid er mwyn rhyddhau paill.

Sgiliau ymarferol

Gwneud lluniad gwyddonol o gelloedd o sleidiau wedi'u paratoi o anther

Yn y dasg ymarferol hon, byddwch chi'n defnyddio microsgop i archwilio antheri. Yn gyntaf, dylech chi ddefnyddio'r lens gwrthrychiadur ×10 i gwblhau eich lluniad, gan sicrhau bod pob haen o feinwe wedi'i lluniadu mewn cyfrannedd. Gallwch chi ddefnyddio'r lens ×40 i archwilio'r haenau o feinwe yn fwy manwl.

Cyngor

Os oes gofyn i chi gynhyrchu lluniad gwyddonol, cofiwch: peidiwch â thywyllu'r lluniad; defnyddiwch bren mesur i luniadu llinellau label; labelwch bob ffurfiad allweddol; peidiwch â chynnwys nodweddion sydd ddim i'w gweld.

Ofari y planhigyn benywol sy'n cynhyrchu'r ofwl

Y tu mewn i'r ofwl (Ffigur 10.2a) mae'r famgell megasbor yn cyflawni meiosis i gynhyrchu pedwar megasbor haploid.

Bydd tri megasbor yn dirywio a bydd un ohonyn nhw'n cyflawni tri rhaniad mitotig yn olynol. Dydy cytocinesis ddim yn digwydd ar ôl yr un o'r rhaniadau hyn, felly mae'r broses yn cynhyrchu coden embryo sy'n cynnwys wyth cnewyllyn haploid (Ffigur 10.2b).

Mamgell megasbor Cell ddiploid sy'n cyflawni meiosis mewn ofwlau.

Gallwch chi wirio eich atebion yma: www.hoddereducation.co.uk/fynodiadauadolygu

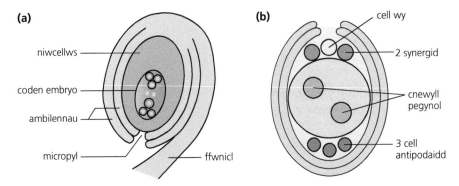

(a)

niwcellws

coden embryo

ambilennau

micropyl

ffwnicl

(b)

cell wy

2 synergid

cnewyll pegynol

3 cell antipodaidd

Ffigur 10.2 (a) Trawstoriad drwy ofwl; (b) y tu mewn i ofwl aeddfed

Ar ôl peilliad, mae ffrwythloniad mewnol yn digwydd yn yr ofarïau

+ Mae peilliad yn digwydd pan mae'r gronyn paill o flodyn o un rhywogaeth yn glanio ar stigma blodyn o'r un rhywogaeth. Yna, mae'r gronyn paill yn cymryd dŵr i mewn ac yn egino. Mae'r cnewyllyn tiwb yn dechrau ffurfio'r tiwb paill.
+ Mae ensymau hydrolas yn y tiwb paill yn treulio eu ffordd drwy'r golofnig. Mae'r cnewyllyn cenhedlol gwrywol o'r gronyn paill y tu mewn i'r tiwb paill. Mae'r cnewyllyn cenhedlol yn rhannu drwy gyfrwng mitosis i ffurfio dau gamet haploid.
+ Mae'r tiwb paill yn mynd i mewn i'r goden embryo drwy'r micropyl (twll bach yng ngwaelod yr ofwl).
+ Mae'r cnewyll gwrywol yn mynd i mewn i'r ofwl ac mae ffrwythloniad yn digwydd. Mae un cnewyllyn gwrywol haploid yn asio â'r cnewyllyn benywol haploid i ffurfio sygot diploid.
+ Mae'r cnewyllyn gwrywol arall yn asio â'r ddau gnewyllyn pegynol i ffurfio cnewyllyn endosberm cynradd triploid. Rydyn ni'n galw hyn yn ffrwythloniad dwbl.
+ Yna, mae'r hedyn a'r ffrwyth yn datblygu. Mae'r sygot yn troi'n embryo (sy'n cynnwys cyneginyn a chynwreiddyn, ac un neu ddwy gotyledon). Mae'r ambilennau yn ffurfio'r hadgroen (croen yr hedyn). Mae'r ofwl cyfan yn ffurfio'r hedyn, ac mae'r ofari o'i gwmpas yn ffurfio'r ffrwyth; mur yr ofari fydd mur y ffrwyth.
+ Mae'r gell endosberm driploid yn rhannu i ffurfio'r feinwe endosberm. Mae endosberm yn feinwe bwysig i storio bwyd mewn grawnfwyd, fel gwenith.
+ Yna gall yr hadau gael eu gwasgaru.

> **Ffrwythloniad dwbl** Un cnewyllyn gwrywol haploid yn asio â'r cnewyllyn benywol haploid i ffurfio sygot, a'r cnewyllyn gwrywol haploid arall yn asio â'r cnewyllyn pegynol haploid i ffurfio'r gell endosberm triploid.
>
> **Endosberm** Storfa maetholion mewn hadau endosbermig.

Mae hadau'n gallu bod yn hadau monocotyledon neu ddeugotyledon

+ Un gotyledon (deilen hedyn) sydd mewn hadau monocotyledon. Mae India corn yn enghraifft o hyn (Ffigur 10.3a).
+ Mae dwy gotyledon mewn hadau deugotyledon. Mae ffa yn enghraifft o hyn (Ffigur 10.3b).

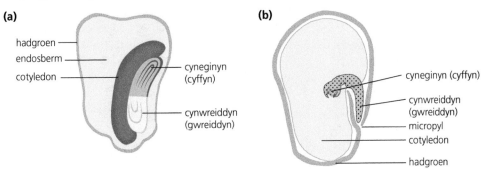

(a)

hadgroen

endosberm

cotyledon

cyneginyn (cyffyn)

cynwreiddyn (gwreiddyn)

(b)

cyneginyn (cyffyn)

cynwreiddyn (gwreiddyn)

micropyl

cotyledon

hadgroen

Ffigur 10.3 Adeiledd (a) hedyn India corn a (b) hedyn ffeuen

Os yw hadau'n glanio mewn man ag amodau ffafriol, byddan nhw'n egino

ADOLYGU

Dyma rai o'r gofynion er mwyn i hadau egino:
+ tymheredd addas – mae'n rhaid i'r tymheredd fod yn agos i dymheredd optimwm yr ensymau sy'n cymryd rhan ym mhroses egino, sy'n amrywio gan ddibynnu ar rywogaeth y planhigyn
+ dŵr – mae angen dŵr ar hadau i baratoi'r ensymau, i ffurfio gwagolynnau yn eu celloedd a hefyd ar gyfer cludiant
+ ocsigen – mae angen ocsigen i gynhyrchu ATP drwy gyfrwng resbiradaeth aerobig

Egino Dechrau tyfu ar ôl cyfnod o gysgiad.

Mae proses egino yn wahanol mewn hadau anendosbermig ac endosbermig

Mewn hadau anendosbermig, mae dŵr yn cael ei gymryd i mewn (ei fewndrwytho) drwy'r micropyl. Mae hyn yn paratoi'r ensymau yn yr hedyn ac yn eu galluogi nhw i dorri moleciwlau storio egni i lawr i ddarparu'r egni er mwyn i'r planhigyn ddatblygu. Mae'r ensym amylas, sy'n cataddu hydrolysis startsh i ffurfio maltos, yn enghraifft o hyn. Caiff maltos ei gludo i fannau sy'n tyfu a gellir ei hydrolysu eto i gynhyrchu glwcos, sy'n cael ei ddefnyddio i resbiradu.

Mae'r hadgroen yn torri ar agor ac mae'r cyneginyn yn tyfu tuag i fyny (oddi wrth ddisgyrchiant) i ffurfio'r cyffyn; mae'r cynwreiddyn yn tyfu tuag i lawr (tuag at ddisgyrchiant) ac yn ffurfio'r gwreiddiau. Nes bod y cyffyn yn gallu tyfu drwy arwyneb y pridd, rhaid i'r holl egni ar gyfer twf ddod o storfeydd egni yn yr hedyn.

Mae'r ffeuen, *Vicia faba*, yn enghraifft o hedyn sy'n egino fel hyn. Mewn ffeuen sy'n egino, mae pen y cyneginyn wedi plygu mewn siâp 'bachyn' sydd, wrth iddo dyfu drwy'r pridd, yn amddiffyn y dail sy'n datblygu. Cyn gynted â bod y cyneginyn wedi tyfu'n glir o'r pridd mae'n sythu, mae'r dail yn agor ac mae ffotosynthesis yn dechrau.

Cysylltiadau

Mae angen ocsigen ar gyfer resbiradaeth aerobig gan ei fod yn cael ei ddefnyddio fel derbynnydd electronau terfynol y gadwyn trosglwyddo electronau.

Mewn hadau endosbermig, mae hormon planhigol ynghlwm ag egino

Mewn hadau endosbermig fel India corn, mae hormon planhigol o'r enw giberelin yn rhan o broses egino.
+ Mae dŵr yn cael ei gymryd i mewn ac mae'r embryo yn rhyddhau giberelin. Mae'n tryledu i mewn i'r haenen alewron allanol.
+ Mae giberelin yn achosi i ensymau hydrolytig (e.e. amylas) gael eu cynhyrchu. Mae'r ensymau hyn yn hydrolysu maetholion sydd wedi'u storio.
+ Mae cynhyrchion yr hydrolysis hwn (e.e. glwcos) yn tryledu i'r embryo. Yma maen nhw'n cael eu defnyddio ar gyfer resbiradaeth aerobig a thwf.

Giberelin Hormon planhigol sy'n ysgogi proses egino.

Sgiliau ymarferol

Ymchwiliad i dechneg treulio agar startsh gan ddefnyddio hadau eginol

Yn y dasg ymarferol hon, byddwch chi'n ymchwilio i'r ffactorau sy'n effeithio ar y ffordd mae hadau eginol yn treulio agar startsh. Mae amylas yn tryledu allan o'r hadau i mewn i'r agar startsh. Mae'r startsh yn cael ei hydrolysu i ffurfio maltos. Pan gaiff ïodin ei ychwanegu at yr agar, bydd y rhannau startsh yn troi'n las/du a bydd y mannau lle mae'r startsh wedi'i hydrolysu i ffurfio maltos yn 'glir'. Y mwyaf yw'r rhan glir, y mwyaf o waith mae ensymau wedi'i wneud.
+ Torrwch yr hedyn India corn yn hanner.
+ Rhowch un hanner ar yr agar startsh. Gwnewch yn siŵr bod yr ochr sydd wedi'i thorri tuag i lawr.

+ Rhowch hanner arall yr hedyn India corn mewn tiwb berwi mewn baddon dŵr ar 80°C am 15 munud.
+ Rhowch yr hanner hwn o'r hedyn India corn ar blât arall o agar startsh, eto gan sicrhau bod yr arwyneb wedi'i dorri tuag i lawr. Bydd yr ensymau yn yr hanner hwn sydd wedi'i wresogi yn cael eu dadnatureiddio, felly bydd yn gweithredu fel rheolydd.
+ Magwch y ddau blât dros nos ar 25°C.
+ Tynnwch y ddau hedyn India corn ac ychwanegwch ïodin at y ddau blât, gan sicrhau bod yr agar i gyd wedi'i orchuddio.
+ Cyfrifwch arwynebedd unrhyw rannau clir.

Gallwch chi wirio eich atebion yma: **www.hoddereducation.co.uk/fynodiadauadolygu**

Sgiliau mathemategol

Cyfrifo arwynebedd cylch

Bydd y parthau clir yn yr ymchwiliad hwn yn debyg i siâp crwn. Gallwn ni ddefnyddio'r fformiwla πr^2 i amcangyfrif yr arwynebedd.

Enghraifft wedi'i datrys

1 Mae radiws parth clir yn 7 mm. Cyfrifwch arwynebedd y parth clir. $\pi = 3.14$

Ateb

arwynebedd cylch = πr^2

$\qquad = 3.14 \times 7^2 = 153.86 \, mm^2 \, (154 \, mm^2)$

Gweithgaredd adolygu

Crëwch siart llif mawr i ddangos y cysylltiad rhwng camau peillio, ffrwythloni ac egino mewn hadau endosbermig ac anendosbermig.

Profi eich hun

PROFI

5 I ba ffurf mae'r sygot yn yr ofwl yn datblygu?

6 Drwy beth mae'r tiwb paill yn tyfu i lawr?

7 Sut mae monocotyledon yn wahanol i ddeugotyledon?

8 Beth yw ymagor?

Crynodeb

Dylech chi allu:

+ Disgrifio adeiledd blodau sy'n cael eu peillio gan y gwynt a gan bryfed.
+ Disgrifio datblygiad paill ac ofwlau.
+ Gwahaniaethu rhwng trawsbeilliad a hunanbeilliad.

+ Esbonio proses ffrwythloniad dwbl.
+ Disgrifio adeiledd yr hedyn a'r ffrwyth, a sut maen nhw'n ffurfio.
+ Disgrifio proses egino ffa.
+ Esbonio pwysigrwydd giberelin i egino.

Cwestiynau enghreifftiol

1 Mae Ffigur 10.4 yn dangos sut mae ychwanegu gwahanol grynodiadau giberelin at hadau India corn yn effeithio ar eginiad canrannol.

  a Esboniwch y canlyniadau. [3]

  b Esboniwch pam doedd hi ddim yn bosibl ailadrodd yr arbrawf hwn gan ddefnyddio hadau ffa. [2]

  c Roedd hi'n bwysig bod digon o ddŵr ac ocsigen ar gael i'r hadau yn yr ymchwiliad hwn. Esboniwch pam. [3]

2 a Esboniwch sut mae'r canlynol yn addasiadau gan angiosbermau i fywyd daearol.

    i cael eu peillio gan bryfed a gan y gwynt [2]

    ii ffurfio tiwb paill [2]

    iii ffrwythau [2]

    iv hadau [2]

  b Mae rhai planhigion sy'n byw ar lan y môr, fel coed cnau coco, wedi datblygu hadau sy'n gallu arnofio. Esboniwch fantais hyn. [2]

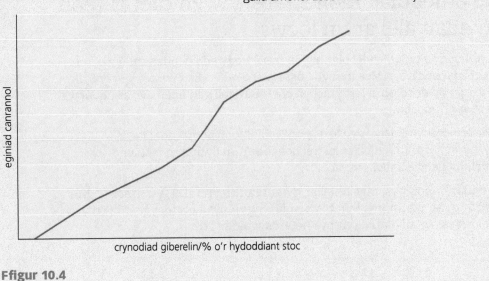

crynodiad giberelin/% o'r hydoddiant stoc

(y-echel: eginiad canrannol)

Ffigur 10.4

Gwahanol ffurfiau ar yr un genyn yw alelau

Mae rhieni'n trosglwyddo alelau i'w hepil. Genoteip yw'r term ar gyfer alelau organeb, a ffenoteip yr organeb yw ei nodweddion corfforol, sy'n cael eu rheoli gan yr alelau. Mae Tabl 11.1 yn rhestru ac yn disgrifio rhai termau allweddol sy'n ymwneud â geneteg.

Tabl 11.1 Termau allweddol sy'n ymwneud ag etifeddiad

Gair allweddol	Swyddogaeth
Alelau	Ffurfiau gwahanol ar yr un genyn.
Homosygaidd	Mae gan y ddau gromosom mewn pâr homologaidd yr un alel. Mae homosygaidd trechol yn golygu bod gan y ddau gromosom yr alel trechol; mae homosygaidd enciliol yn golygu bod gan y ddau gromosom yr alel enciliol.
Heterosygaidd	Mae'r alelau ar gromosomau'r pâr homologaidd yn wahanol. Mae gan yr unigolyn alel trechol ac alel enciliol ar gyfer nodwedd benodol, a gallwn ni ddweud ei fod yn 'cludo' y nodwedd enciliol. Hynny yw, dydy'r unigolyn ddim yn dangos y nodwedd, ond byddai'n bosibl iddo ei throsglwyddo hi i'w epil.
Alel trechol	Os yw'r alel hwn yn bresennol, mae'r nodwedd gan yr unigolyn.
Alel enciliol	Er mwyn i'r nodwedd gael ei mynegi yn y ffenoteip, mae'n rhaid i'r ddau gromosom yn y pâr homologaidd fod â'r alel enciliol, h.y. bod yr unigolyn yn homosygaidd enciliol. Mae ffibrosis cystig yn enghraifft o gyflwr genynnol sy'n cael ei achosi gan alel enciliol.
Genoteip	Yr holl alelau sydd gan organeb.
Ffenoteip	Nodweddion corfforol organeb, wedi'u rheoli gan y genoteip; mae'r amgylchedd hefyd yn gallu effeithio arno.

Mendel oedd y cyntaf i gynnal ymchwiliadau geneteg

Mae etifeddiad monocroesryw yn cael ei reoli gan ddau alel ar un locws

ADOLYGU

Defnyddiodd Gregor Mendel blanhigion pys â nodwedd uchder amlwg o fod naill ai'n dal neu'n fyr. Mae hyn yn enghraifft o etifeddiad monocroesryw, lle mae pâr o nodweddion cyferbyniol yn cael eu rheoli gan ddau alel ar un locws (pwynt ar gromosom).

> **Etifeddiad monocroesryw** Etifeddiad sy'n cynnwys pâr o nodweddion cyferbyniol.

Rydyn ni'n defnyddio llythrennau i gynrychioli pob nodwedd. Mae priflythyren yn cynrychioli'r alel trechol; mae'r un llythyren fach yn cynrychioli'r alel enciliol.

Mewn planhigion pys, mae'r alel ar gyfer planhigyn tal, **T**, yn drechol dros yr alel ar gyfer planhigyn byr, **t**. Mae planhigyn pys heterosygaidd (**Tt**) yn cael ei groesi ag ail blanhigyn pys heterosygaidd (**Tt**).

Genoteipiau'r rhieni: **Tt**   **Tt**

Gametau: (T) (t)   (T) (t)

Epil:

	T	t
T	TT	Tt
t	Tt	tt

Genoteipiau'r epil: 1 **TT** : 2 **Tt** : 1 **tt** (25% homosygaidd trechol : 50% heterosygaidd : 25% homosygaidd enciliol)

Ffenoteipiau'r epil: 75% tal, 25% byr

Mynd drwy'r croesiad fesul cam:

1 Dangos genoteipiau'r rhieni. Cofiwch fod celloedd y rhieni yn ddiploid, felly bydd gan bob un o nodweddion y rhieni ddau alel.
2 Cynrychioli'r gametau posibl sy'n dod o bob rhiant. Cofiwch fod gametau yn haploid felly dim ond un alel sydd ar gyfer pob nodwedd (un alel o bob pâr). Mae'n syniad da lluniadu cylch o gwmpas pob gamet.
3 Llunio'r grid (sgwâr Punnett) fel sydd i'w weld uchod. Rhowch y gametau posibl o un rhiant yn y golofn fertigol gyntaf a'r gametau posibl o'r rhiant arall yn y rhes lorweddol gyntaf.
4 Gwneud y croesiad genynnol. Cyfunwch y gametau ac ysgrifennwch y genoteip sy'n ffurfio yn y sgwâr priodol.
5 Cyfri'r gwahanol genoteipiau a ffenoteipiau a'u cynrychioli nhw fel canran neu gymhareb, gan ddibynnu ar y cwestiwn.

Mewn croesiad profi, caiff unigolyn â genoteip anhysbys ei groesi ag unigolyn homosygaidd enciliol

ADOLYGU

Rydyn ni'n defnyddio croesiadau profi i ganfod ydy unigolyn â nodwedd drechol yn homosygaidd trechol neu'n heterosygaidd. Drwy edrych ar ffenoteipiau'r epil, gallwn ni ganfod a oedd yr unigolyn anhysbys yn homosygaidd trechol neu'n heterosygaidd.

Eto, gallwn ni ddefnyddio planhigion pys tal a byr fel enghraifft – bridio planhigyn pys tal â genoteip anhysbys gyda phlanhigyn pys byr.

Pe bai'r planhigyn yn homosygaidd trechol, dyma fyddai'r croesiad:

Genoteipiau'r rhieni: **TT**   **tt**

Gametau: (T) (T)   (t) (t)

Epil:

	t	t
T	Tt	Tt
T	Tt	Tt

Genoteip yr epil: 100% heterosygaidd

Ffenoteip yr epil: 100% tal

Pe bai'r unigolyn anhysbys yn heterosygaidd, dyma fyddai'r croesiad:

Genoteipiau'r rhieni: **Tt**   **tt**

Gametau: (T) (t)   (t) (t)

Cyngor

Os oes rhaid i chi ddewis llythrennau ar gyfer alelau, dewiswch rai rhesymegol fydd ddim yn eich drysu chi wrth wneud y croesiad. Mae'n arferol defnyddio llythyren gyntaf un o'r nodweddion. Mae hefyd yn syniad da defnyddio llythrennau sy'n edrych yn wahanol iawn fel priflythrennau a llythrennau bach – er enghraifft, **G** a **g** yn hytrach na **P** a **p**.

Cyngor

Byddwch yn ofalus wrth nodi pa genoteip sy'n cynhyrchu pa ffenoteip, yn enwedig mewn organebau â'r ffenoteip trechol, sy'n gallu bod yn homosygaidd trechol neu'n heterosygaidd.

Croesiad profi Croesiad rydyn ni'n ei ddefnyddio i ganfod ydy rhiant yn homosygaidd trechol neu'n heterosygaidd ar gyfer alel.

Epil:

	t	t
T	Tt	Tt
t	tt	tt

Genoteipiau'r epil: **Tt** a **tt** (50% heterosygaidd a 50% homosygaidd enciliol)

Ffenoteipiau'r epil: 50% tal, 50% byr

Felly, os yw croesiad prawf rhwng unigolyn sydd â genoteip anhysbys ac unigolyn homosygaidd enciliol yn cynhyrchu unrhyw blanhigion byr, mae'n rhaid bod yr unigolyn anhysbys yn heterosygaidd.

Mae etifeddiad deugroesryw yn golygu bod dau enyn wedi'u cludo ar wahanol gromosomau

ADOLYGU

Fe wnaeth Mendel hefyd astudio etifeddiad deugroesryw mewn hadau planhigion pys. Mae etifeddiad deugroesryw yn defnyddio yr un egwyddorion yn union ag etifeddiad monocroesryw, ond mae dwy set o alelau'n bresennol, sy'n ei wneud yn fwy cymhleth. Mae enghraifft o waith Mendel ar etifeddiad mewn hadau pys i'w gweld isod.

> **Etifeddiad deugroesryw**
> Etifeddiad dau enyn wedi'u cludo ar wahanol gromosomau, a phob un â dau alel yr un.

Mae hadau planhigion pys yn gallu bod yn grwn neu'n grychlyd. Maen nhw hefyd yn gallu bod yn felyn neu'n wyrdd. Mae crwn (**C**) yn drechol dros grychlyd (**c**); mae melyn (**M**) yn drechol dros wyrdd (**m**).

Felly, mae gan blanhigyn homosygaidd trechol â hadau crwn melyn y genoteip **CCMM** ac mae gan blanhigyn homosygaidd enciliol â hadau crychlyd gwyrdd y genoteip **ccmm**. Mae croesiad genynnol rhwng y ddau fath hyn o blanhigyn i'w weld isod.

Genoteipiau'r rhieni: **CCMM ccmm**

Gametau: (CM) (cm)

Epil:

	cm
CM	CcMm

Genoteip yr epil: **CcMm** (100% heterosygaidd)

Ffenoteip yr epil: 100% hadau crwn, melyn

Yr epil hyn yw cenhedlaeth F_1 (y genhedlaeth gyntaf). Efallai y bydd angen i chi ganfod ffenoteipiau cenhedlaeth F_2 (yr ail genhedlaeth). I wneud hyn, mae angen croesi epil y genhedlaeth F_1 (dau heterosygot). Ar gyfer y gametau yn y croesiadau hyn, mae'n rhaid i chi ysgrifennu pob cyfuniad posibl o alelau. Mewn croesiad deugroesryw lle mae'r organeb yn heterosygaidd ar gyfer y ddwy nodwedd, mae pedwar gamet yn bosibl:

Genoteipiau'r rhieni: **CcMm CcMm**

Gametau: (CM) (Cm) (cM) (cm) (CM) (Cm) (cM) (cm)

Epil:

	CM	Cm	cM	cm
CM	CCMM	CCMm	CcMM	CcMm
Cm	CCMm	CCmm	CcMm	Ccmm
cM	CcMM	CcMm	ccMM	ccMm
cm	CcMm	Ccmm	ccMm	ccmm

Gallwch chi wirio eich atebion yma: **www.hoddereducation.co.uk/fynodiadauadolygu**

Mae'r croesiad hwn yn edrych yn gymhleth i ddechrau. Cymerwch ychydig o amser i feddwl am yr hyn y mae pob genoteip yn ei gynrychioli. Mae'n bwysig cofio, wrth groesi dau heterosygot, bod ffenoteipiau'r epil bob amser yn y gymhareb 9:3:3:1 fel a ganlyn:

+ 9 – y ddwy nodwedd drechol – hadau crwn, melyn (**CCMM, CcMM, CCMm, CcMm**)
+ 3 – un nodwedd drechol ac un nodwedd enciliol – hadau crwn, gwyrdd (**Ccmm, CCmm**)
+ 3 – un nodwedd drechol ac un nodwedd enciliol – hadau crychlyd, melyn (**ccMM, ccMm**)
+ 1 – dwy nodwedd enciliol – hadau crychlyd, gwyrdd (**ccmm**)

Datblygodd Mendel ddwy ddeddf o'i ymchwil ar blanhigion pys

ADOLYGU

Mae deddf gyntaf Mendel (deddf arwahanu) yn nodi bod gan bob organeb bâr o alelau ar gyfer unrhyw nodwedd benodol. Mae pob rhiant yn rhoi copi o un yn unig o'r alelau hyn i'w epil. Mae pa bynnag alel sy'n drechol yn effeithio ar ffenoteip yr organeb.

Mae ail ddeddf Mendel (deddf rhydd-ddosraniad) yn nodi bod genynnau'n cael eu trosglwyddo yn annibynnol ar enynnau eraill o rieni i epil (dydy detholiad genyn ddim yn dibynnu ar ddetholiad genynnau eraill). Mae'r genynnau'n dosrannu'n annibynnol wrth i'r gametau ffurfio.

Mae rhai alelau'n gyd-drechol neu'n dangos trechedd anghyflawn

ADOLYGU

Mae cyd-drechedd yn golygu bod y ddau alel yn cael eu mynegi yn y ffenoteip. Mae trechedd anghyflawn yn golygu bod gan unigolyn heterosygaidd ffenoteip sydd hanner ffordd rhwng y ddau ffenoteip homosygaidd.

Mae lliw blodau trwyn y llo (*snapdragons*) yn enghraifft o drechedd anghyflawn. Mae gan drwyn y llo â blodau coch ddau alel coch (CC); mae gan drwyn y llo â blodau gwyn ddau alel gwyn (GG). Mae gan drwyn y llo heterosygaidd (CG) flodau pinc. Mae hyn yn golygu, os ydyn ni'n croesi trwyn y llo â blodau gwyn â thrwyn y llo â blodau coch, y bydd blodau'r epil i gyd yn binc:

> **Cyd-drechedd** Y ddau alel trechol yn cael eu mynegi yn y ffenoteip.
>
> **Trechedd anghyflawn** Y ffenoteip heterosygaidd yn wahanol i ffenoteipiau'r genoteipiau homosygaidd, ac yn aml yn rhyngol.

Genoteipiau'r rhieni: CC   GG

Gametau: (C) (C)   (G) (G)

Epil:

	C	C
G	CG	CG
G	CG	CG

Genoteip yr epil: 100% **CG** (heterosygaidd)

Ffenoteip yr epil: 100% blodau pinc

Profi eich hun

PROFI

1 Beth yw deddf gyntaf Mendel?

2 Beth yw ail ddeddf Mendel?

3 Sut mae etifeddiad monocroesryw yn wahanol i etifeddiad deugroesryw?

4 Beth fyddai genoteip yr epil o groesiad deugroesryw rhwng rhiant sy'n homosygaidd trechol ar gyfer y ddwy nodwedd a rhiant sy'n homosygaidd enciliol ar gyfer y ddwy nodwedd?

Mae cyflwr rhyw-gysylltiedig yn cael ei reoli gan alel ar y cromosom X neu Y

Mae'r rhan fwyaf o gyflyrau rhyw-gysylltiedig yn cael eu cludo ar y cromosom X

ADOLYGU

Mewn bodau dynol, mae gan fenywod ddau gromosom X ac mae gan wrywod un cromosom X ac un cromosom Y. Oherwydd bod y cromosom Y mor fach, mae'r rhan fwyaf o gyflyrau rhyw-gysylltiedig yn cael eu cludo ar y cromosom X.

Mae haemoffilia yn enghraifft o gyflwr genynnol rhyw-gysylltiedig. Mae'n cael ei achosi gan alel enciliol ar y cromosom X, sy'n cael ei gynrychioli ag X^h. Gan fod yr alel ar y cromosom X, mae'n rhaid i fenyw â haemoffilia fod yn homosygaidd enciliol (X^hX^h) ond dim ond un alel enciliol sydd gan wryw â haemoffilia (X^hY). Dydy'r alel hwn ddim gan y cromosom Y, felly mae'r alel enciliol X^h yn cael ei fynegi yn y ffenoteip. Dyma pam mai gwrywod yw'r mwyafrif helaeth o bobl â haemoffilia. Mae hyn hefyd yn achosi goblygiadau o ran etifeddu'r cyflwr. Mae'n bosibl i gludydd benywol a gwryw iach gael mab â haemoffilia ond nid merch â haemoffilia – byddai'r cromosom X o'r tad yn X^H gan nad yw'r tad yn dioddef o haemoffilia. Byddai'n rhaid i fam benyw â haemoffilia fod yn gludydd neu'n dioddef o'r cyflwr; byddai'n rhaid i'w thad fod yn dioddef o'r cyflwr. Yn y croesiad isod, does gan y tad ddim haemoffilia ac mae'r fam yn gludydd (heterosygaidd).

Genoteipiau'r rhieni: X^HY X^HX^h

Gametau:

Epil:

	X^H	Y
X^H	X^HX^H	X^HY
X^h	X^HX^h	X^hY

Genoteipiau'r epil: 25% X^HX^H (benyw homosygaidd trechol), 25% X^HX^h (benyw heterosygaidd), 25% X^HY (gwryw trechol), 25% X^hY (gwryw enciliol)

Ffenoteipiau'r epil: 25% benyw ddim yn gludydd, 25% benyw sy'n gludydd, 25% gwryw iach, 25% gwryw â haemoffilia

Felly, mae gan fam sy'n gludydd a thad iach siawns 25% o gael mab â haemoffilia, ond mae'n amhosibl iddyn nhw gael merch â haemoffilia.

Mae dystroffi cyhyrol Duchenne yn enghraifft arall o gyflwr rhyw-gysylltiedig. Dim ond ar y cromosom X mae'r genyn diffygiol yn cael ei gludo, felly mae gan ddystroffi cyhyrol yr un patrwm etifeddiad â haemoffilia.

> **Haemoffilia** Cyflwr genynnol sy'n arwain at waed yn methu tolchennu.
>
> **Dystroffi cyhyrol Duchenne** Cyflwr genynnol sy'n arwain at gyhyrau gwan.

Gallwch chi wirio eich atebion yma: www.hoddereducation.co.uk/fynodiadauadolygu

Bydd alelau ar yr un cromosom yn cael eu hetifeddu gyda'i gilydd

Mae croesiadau genynnol Mendelaidd yn tybio bod yr alelau ar gromosomau gwahanol

Bydd alelau sy'n ymddangos ar yr un cromosom yn cael eu hetifeddu gyda'i gilydd oherwydd pan mae'r cromosom yn symud i mewn i gamet mae'r alelau i gyd yn bresennol. Felly, os caiff y gamet hwnnw ei ffrwythloni bydd yr alelau hynny i gyd wedi'u cynnwys yng ngenom yr epil. Cysylltedd yw hyn. Mae cysylltedd cyflawn yn golygu nad oes dim trawsgroesi yn digwydd; mae cysylltedd anghyflawn yn golygu bod trawsgroesi yn digwydd.

Sgiliau ymarferol

Arbrawf i arddangos arwahanu genynnau

Yn yr ymchwiliad hwn, byddwch chi'n astudio etifeddiad gwahanol nodweddion. Mae yna nifer o wahanol ffyrdd o wneud hyn, ond un dull cyffredin yw defnyddio cnewyll (*kernel*) India corn, sy'n cynnwys hadau India corn. Mae'r cnewyll yn gallu dangos y nodweddion canlynol:

+ melyn neu frown
+ llyfn neu grychlyd

Dyma'r dull.

+ Cyfrwch nifer y cnewyll o bob ffenoteip.
+ Darganfyddwch y gymhareb Fendelaidd sy'n ymddangos agosaf i'r data rydych chi wedi'u casglu.
+ Cynhaliwch brawf Chi sgwâr i ganfod a oes gwahaniaeth arwyddocaol rhwng eich canlyniadau a'r niferoedd y byddai'r gymhareb Fendelaidd yn eu disgwyl.

Sgiliau mathemategol

Prawf Chi sgwâr

Gallwn ni ddefnyddio prawf Chi sgwâr i ganfod a oes gwahaniaeth arwyddocaol rhwng setiau o ddata mewn categorïau, yn yr achos hwn rhwng niferoedd gwirioneddol a disgwyliedig gwahanol ffenoteipiau.

Yn gyntaf, mae angen ysgrifennu rhagdybiaeth nwl a rhagdybiaeth y dewis arall.

+ Y rhagdybiaeth nwl yw 'does dim gwahaniaeth arwyddocaol rhwng y niferoedd gwirioneddol a'r niferoedd disgwyliedig o wahanol ffenoteipiau'.
+ Rhagdybiaeth y dewis arall yw 'mae gwahaniaeth arwyddocaol rhwng canlyniadau gwirioneddol a chanlyniadau disgwyliedig y croesiad genynnol'.

Nawr mae'n rhaid i chi ddefnyddio'r hafaliad Chi sgwâr ar eich canlyniadau i gyfrifo gwerth Chi sgwâr. Dyma'r hafaliad:

$$\chi^2 = \sum \frac{(O-E)^2}{E}$$

lle mae *O* yn sefyll am *observed* (nifer gwirioneddol yr epil o'r gwahanol genoteipiau/ffenoteipiau) ac *E* yn sefyll am *expected* (nifer disgwyliedig y genoteipiau/ffenoteipiau wedi'u cyfrifo ar sail tebygolrwydd y croesiad genynnol). Yna, mae angen cymharu'r gwerth hwn â'r gwerthoedd mewn tabl Chi sgwâr i ganfod ydy'r gwerth yn arwyddocaol ai peidio.

Enghraifft wedi'i datrys

Mae'r tabl yn dangos nifer y gwahanol fathau o ffenoteipiau cnewyll.

Ffenoteip	Nifer
Melyn a llyfn	55
Brown a llyfn	21
Melyn a chrychlyd	19
Brown a chrychlyd	6

Y gymhareb Fendelaidd agosaf at y gwerthoedd hyn yw 9:3:3:1

Mae angen i chi ddefnyddio'r gymhareb hon i gyfrifo'r gymhareb ddisgwyliedig.

$9 + 3 + 3 + 1 = 16$

Cyfanswm nifer y cnewyll $= 55 + 21 + 19 + 6 = 101$

Ffenoteip	Nifer disgwyliedig
Melyn a llyfn	$\frac{101}{16} \times 9 = 57$
Brown a llyfn	$\frac{101}{16} \times 3 = 19$
Melyn a chrychlyd	$\frac{101}{16} \times 3 = 19$
Brown a chrychlyd	$\frac{101}{16} \times 1 = 6$

Nawr, mae angen defnyddio tabl i gyfrifo'r gwerth Chi sgwâr.

	O	E	O − E	$(O - E)^2$	$\dfrac{(O - E)^2}{E}$
Melyn a llyfn	55	57	−2	4	0.07
Brown a llyfn	21	19	2	4	0.21
Melyn a chrychlyd	19	19	0	0	0.00
Brown a chrychlyd	6	6	0	0	0.00

$$\chi^2 = \sum \frac{(O - E)^2}{E}$$

$$\chi^2 = 0.07 + 0.21 + 0.00 + 0.00 = 0.28$$

Nawr mae angen cyfrifo'r graddau rhyddid. Rydyn ni'n gwneud hyn drwy ganfod nifer y categorïau a thynnu 1:

graddau rhyddid = $n - 1$

lle n yw nifer y categorïau.

graddau rhyddid = 4 − 1 = 3

Mae angen cymharu'r gwerth Chi sgwâr sydd wedi'i gyfrifo â'r gwerth critigol mewn tabl Chi sgwâr. Ar gyfer bioleg, rydyn ni fel rheol yn defnyddio'r lefel arwyddocâd 5% (0.05).

+ Os yw'r gwerth Chi sgwâr sydd wedi'i gyfrifo yn llai na'r gwerth arwyddocâd 5% yn y tabl, rydyn ni'n derbyn y rhagdybiaeth nwl ac yn gwrthod rhagdybiaeth y dewis arall.

+ Os yw'r gwerth sydd wedi'i gyfrifo yn uwch na'r gwerth arwyddocâd 5%, rydyn ni'n gwrthod y rhagdybiaeth nwl ac yn derbyn rhagdybiaeth y dewis arall.

Y gwerth critigol ar lefel tebygolrwydd 0.05 yw 7.82. Mae'r gwerth Chi sgwâr yn 0.28, sy'n is na hyn, felly rydyn ni'n derbyn y rhagdybiaeth nwl a does dim gwahaniaeth arwyddocaol rhwng y canlyniadau gwirioneddol a'r canlyniadau disgwyliedig.

Cwestiwn ymarfer

1 Mewn croesiad genynnol, cymhareb ddisgwyliedig blodau melyn, coch ac oren yw 1:2:1. O'r epil, mae gan 96 flodau coch, mae gan 53 flodau melyn, ac mae gan 42 flodau oren. Ydy'r data hyn yn arwyddocaol wahanol i'r canlyniadau disgwyliedig?

Graddau rhyddid	Tebygolrwydd				
	0.50	0.10	0.05	0.01	0.001
2	1.39	4.60	5.99	9.21	13.82
3	2.37	6.25	7.82	11.34	16.27

Gweithgaredd adolygu

Gallwch chi ymarfer cyfrifo gwerthoedd Chi sgwâr ar gyfer data rydych chi wedi'u casglu eich hun. Mae taflu darn arian yn ffordd dda o gasglu data fel hyn; y gwerthoedd disgwyliedig fyddai 50% pen a 50% cynffon.

Newid ar hap i DNA organeb yw mwtaniad

Gall mwtaniadau effeithio ar un genyn neu ar gromosom cyfan

ADOLYGU

Newid ar hap yw mwtaniad i gyfaint, trefniant neu adeiledd y DNA mewn organeb.

Mae'r rhan fwyaf o fwtaniadau'n digwydd yn ystod trawsgroesiad proffas I ac anwahaniad anaffas I ac anaffas II.

Mae'r gwahanol fathau o fwtaniad genyn (pwynt) wedi'u rhestru isod, ynghyd ag enghraifft o'u heffaith ar y tair tripled DNA ganlynol: GAG/TAA/GTC

+ **Adio** – mewn mwtaniad adio, mae niwcleotidau yn cael eu mewnosod yn y dilyniant DNA: GAG/TAC/AGT
+ **Dileu** – tynnu niwcleotidau o ddilyniant DNA: **GGT**/AAG/TCA
+ **Amnewid** – cyfnewid adran o niwcleotidau am niwcleotidau eraill: GAG/**CCC**/GTC

> **Tripled DNA** Tri bas DNA (codon) sy'n codio ar gyfer asid amino.

Gallwch chi wirio eich atebion yma: **www.hoddereducation.co.uk/fynodiadauadolygu**

+ **Gwrthdroi** – troi adran o niwcleotidau i'r cyfeiriad arall: GAG/**AAT**/GTC
+ **Dyblygu** – dyblygu adran o niwcleotidau: GAG/TAA/**TAA**

Gan fod mwy nag un dripled yn codio ar gyfer pob asid amino, mae'n bosibl i fwtaniad genyn beidio ag effeithio ar y dilyniant asidau amino yn adeiledd cynradd y polypeptid. Er enghraifft, mae CTT a hefyd CTC yn codio ar gyfer yr asid amino lewcin. Felly, dydy mwtaniad sy'n troi CTT yn CTC ddim yn effeithio ar y polypeptid cyflawn.

Yn gyffredinol, dydy mwtaniadau genynnau ddim yn fuddiol.

Cysylltiadau

Bydd mwtaniad yn nilyniant DNA genyn yn cael ei gynnwys yn yr mRNA, gan arwain at ddilyniant asidau amino anghywir yn y polypeptid sy'n ffurfio yn ystod trosiad. Gallai hyn arwain at blygu'r polypeptid yn anghywir a newid i adeiledd trydyddol y protein, a allai olygu na fydd yn gweithio – er enghraifft, ensym â safle actif wedi'i ffurfio'n anghywir. Os nad yw'r safle actif yn gyflenwol i'r swbstrad mwyach, fydd yr ensym ddim yn gallu catalyddu'r adwaith.

Mae anaemia crymangell yn gyflwr sy'n cael ei achosi gan fwtaniad genyn

ADOLYGU

Mae anaemia crymangell yn un enghraifft o gyflwr sy'n cael ei achosi gan fwtaniad genynnol. Mae'r mwtaniad yn digwydd mewn un niwcleotid (adenin yn cymryd lle thymin) mewn un genyn. Mae gan y genyn ddau alel, **HbA** a **HbS**. Mae pobl sy'n homosygaidd ar gyfer yr alel cryman-gell, **HbS** (HbS HbS), yn dioddef o anaemia crymangell, sy'n rhoi siâp cryman anhyblyg i gelloedd coch y gwaed. Mae'r newid i siâp celloedd coch y gwaed a'u natur anhyblyg yn gallu arwain at amrywiaeth o gymhlethdodau, gan gynnwys blocio capilarïau, sy'n atal cyflenwad gwaed i'r organau ac yn niweidio'r organau. Rydyn ni'n dweud bod gan unigolion heterosygaidd (**HbA HbS**) nodwedd cryman-gell, sydd ddim yn achosi symptomau fel arfer. Fodd bynnag, mae'n golygu bod yr unigolyn yn gallu gwrthsefyll malaria. Mae hyn yn annog yr alel cryman-gell i gael ei drosglwyddo mewn ardaloedd lle mae malaria yn gyffredin, oherwydd bod gan y ffenoteip heterosygaidd fantais ddetholus.

Mae cromosomau hefyd yn gallu mwtanu

ADOLYGU

Mae tair prif enghraifft o fwtaniad cromosom:
+ Newid i adeiledd – mae adeiledd cromosom yn gallu newid oherwydd gwallau wrth drawsgroesi.
+ Newidiadau i niferoedd – mae gwallau meiosis yn gallu golygu y bydd gamet yn cael nifer anghywir o gromosomau. Yna, bydd gan yr embryo sy'n ffurfio o'r gamet hwn nifer anghywir o gromosomau hefyd. Mae trisomedd 21 yn enghraifft o hyn. Yn yr achos hwn, mae gan y sygot gopi ychwanegol o gromosom 21. Mae copi ychwanegol o gromosom 21 yn achosi syndrom Down mewn bodau dynol.
+ Newidiadau i setiau o gromosomau – mae gamet yn gallu cynnwys set gyfan ychwanegol o gromosomau. Polyploidi yw hyn.

Mae cyfraddau mwtanu fel arfer yn isel iawn

ADOLYGU

Yn gyffredinol, mae mwtaniadau'n digwydd ar gyfradd uwch mewn organebau sydd â chylchred bywyd byr ac sy'n cyflawni cellraniad yn amlach.

Mae mwtagenau'n cynyddu'r siawns bod mwtaniad yn digwydd

ADOLYGU

Mae enghreifftiau o fwtagenau yn cynnwys pelydriad ïoneiddio, golau uwchfioled a phelydrau-X, a rhai cemegion, fel hydrocarbonau amlgylchredol mewn mwg sigaréts. Carsinogen yw mwtagen sy'n cynyddu'r siawns o ddatblygu canser. Mae mwtaniadau mewn proto-oncogenynnau yn gallu achosi iddyn nhw droi'n oncogenynnau, sy'n arwain at gelloedd yn rhannu'n afreolus ac yn achosi i ganser ddatblygu.

> **Mwtagen** Ffactor sy'n cynyddu'r siawns y bydd mwtaniad yn digwydd.

Mae ffactorau eraill yn gallu dylanwadu ar fynegiad genynnau

Epigeneteg yw astudio sut mae ffactorau heblaw newidiadau i'r dilyniant DNA yn rheoli mynegiad genynnau.

Mae methylu DNA – ychwanegu grwpiau methyl – yn atal basau rhag cael eu hadnabod, a gallai hynny olygu na chaiff y genyn ei fynegi.

Mae asetyleiddio histonau – addasu'r proteinau histon – yn gallu achosi i'r DNA dorchi'n dynnach o gwmpas proteinau histon, sy'n atal mynegiad genynnau. Mae'r histon hefyd yn gallu torchi'n fwy llac, sy'n cynyddu mynegiad y genyn.

Mae gwahanol addasiadau epigenynnol mewn celloedd a meinweoedd yn arwain at fynegi'r un genyn yn wahanol mewn gwahanol rannau o organeb.

> **Methylu DNA** Ychwanegu grwpiau methyl at DNA, sy'n lleihau mynegiad genynnau.
>
> **Addasu histonau** Mae pa mor dynn mae'r DNA yn torchi o gwmpas proteinau histon yn effeithio ar fynegiad genynnau.

Profi eich hun

PROFI

5 Disgrifiwch sut mae methylu DNA yn gallu arwain at beidio â mynegi genynnau.

6 Beth yw polyploidi?

7 Beth yw mwtagen?

8 Pam rydyn ni'n fwy tebygol o weld dystroffi cyhyrol Duchenne mewn gwrywod na benywod?

Crynodeb

Dylech chi allu:
+ Cynnal croesiadau monocroesryw, gan gynnwys rhai â chyd-drechedd.
+ Cynnal croesiadau deugroesryw, gan gynnwys rhai â chysylltedd.
+ Defnyddio prawf Chi sgwâr i ganfod a ydy canlyniadau croesiad genynnol yn wahanol i'r canlyniadau disgwyliedig.
+ Esbonio cysylltedd rhyw.
+ Esbonio mwtaniadau genyn a mwtaniadau cromosom.
+ Disgrifio effeithiau carsinogenau, mwtagenau ac oncogenynnau.
+ Esbonio sut mae newidiadau epigenynnol yn gallu achosi newidiadau i fynegiad genynnau.

Cwestiynau enghreifftiol

1 Mae plu rhywogaeth aderyn yn gallu bod yn las neu'n borffor, ac mae eu pigau'n gallu bod yn hir neu'n fyr.

Mae gan boblogaeth o adar y ffenoteipiau canlynol:

Ffenoteip	Nifer
Plu glas, pigau hir	65
Plu glas, pigau byr	150
Plu coch, pigau hir	25
Plu coch, pigau byr	96

a Awgrymwch pa gasgliadau y gallwn ni eu ffurfio o'r data. [3]

Mae ymchwilydd yn awgrymu y byddai hi'n amhosibl i riant â phlu glas a phig byr a rhiant â phlu glas a phig hir gael epil â phlu coch a phigau hir.

b Defnyddiwch groesiad genynnol i werthuso'r gosodiad hwn. [4]

2 Mae gan ddau riant dair merch.

a Nodwch y siawns y bydd eu pedwerydd plentyn yn fab. Esboniwch eich ateb. [2]

Mae lliwddallineb yn cael ei achosi gan alel sy'n cael ei gludo ar y cromosom X. Mae'r tad yn lliwddall, ond does dim un o'i ferched yn lliwddall.

b Awgrymwch reswm dros hyn. [2]

Mae teulu arall yn cael mab lliwddall.

c Ydy hi'n bosibl dweud a oedd tad y mab hwn yn lliwddall? Esboniwch eich ateb. [2]

Gallwch chi wirio eich atebion yma: **www.hoddereducation.co.uk/fynodiadauadolygu**

12 Amrywiad ac esblygiad

Mae ffactorau genynnol ac amgylcheddol yn cynhyrchu amrywiad

Gallwn ni wahanu amrywiad mewn organebau yn ddau gategori: amrywiad parhaus ac amharhaus.

Fel rheol, un pâr o alelau sy'n rheoli amrywiad amharhaus

ADOLYGU

Mae amrywiad amharhaus yn gategorïaidd, felly mae nodweddion yn perthyn i un o lawer o gategorïau a dydy amodau amgylcheddol ddim yn effeithio arnyn nhw. Mae enghreifftiau o amrywiad amharhaus yn cynnwys grwpiau gwaed a chysylltiad llabedau clustiau (Ffigur 12.1).

> **Amrywiad parhaus**
> Amrywiad rydyn ni'n gallu ei fesur ar raddfa barhaus, fel taldra.
>
> **Amrywiad amharhaus**
> Amrywiad categorïaidd, fel grwpiau gwaed.

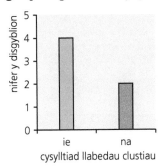

Ffigur 12.1 Siart bar o gysylltiad llabedau clustiau

Mae nifer o wahanol alelau'n rheoli amrywiad parhaus

ADOLYGU

Os yw organeb yn etifeddu alelau ar gyfer nodwedd ag amrywiad parhaus, efallai y caiff hyn ei fynegi yn ei ffenoteip. Mae'r amgylchedd hefyd yn gallu effeithio ar y ffenoteip; er enghraifft, gallai unigolyn etifeddu alelau ar gyfer bod yn dal. Yna, os oes gan yr unigolyn ddeiet gwael, efallai na fydd yn tyfu mor dal â phosibl. Mae amrywiad parhaus yn gallu bod ag unrhyw werth ar raddfa rhwng isafswm ac uchafswm (Ffigur 12.2).

> **Cysylltiadau**
>
> Mae etifeddiad grŵp gwaed yn dangos cyd-drechedd. Mae pedwar grŵp gwaed yn bosibl – **A, B, AB** ac **O** – lle mae'r alelau I^A ac I^B yn dangos cyd-drechedd. Os yw unigolyn yn etifeddu'r alelau I^A ac I^B, ei grŵp gwaed fydd **AB**.

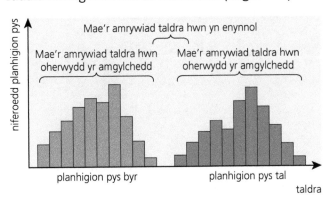

Ffigur 12.2 Amrywiad taldra genynnol ac amgylcheddol mewn planhigion pys

Gall amrywiad fod yn etifeddol neu'n anetifeddol

Mae amodau amgylcheddol yn gallu achosi amrywiad anetifeddol; er enghraifft, mae gwahaniaethau yn y deiet yn gallu arwain at amrywiad mawr o ran siâp a màs y corff o fewn poblogaeth o anifeiliaid. Dydy'r amrywiad hwn ddim yn cael ei drosglwyddo i'r genhedlaeth nesaf oherwydd dydy genynnau'r organeb ddim wedi'u newid. Gan nad yw'n cael ei etifeddu, dydy'r amrywiad ddim yn arwain at ddethol naturiol.

Caiff amrywiadau yn y genynnau yng ngametau organeb eu pasio i'r epil. Mae hyn, felly, yn amrywiad etifeddol ac mae'n bwysig i ddethol naturiol.

> **Dethol naturiol** Dethol oherwydd pwysau amgylcheddol; mae'r organebau sydd wedi addasu orau yn goroesi ac yn atgenhedlu.

Sgiliau ymarferol

Ymchwilio i amrywiad parhaus mewn rhywogaeth

Yn yr ymchwiliad hwn, byddwch chi'n casglu data am un o nodweddion rhywogaeth sy'n dangos amrywiad parhaus. Yna, byddwch chi'n defnyddio prawf t Student i weld a oes gwahaniaeth arwyddocaol rhwng y nodwedd hon mewn dau wahanol grŵp. Er enghraifft, gallech chi gymharu arwynebedd arwyneb dail planhigion sy'n tyfu yn y cysgod â phlanhigion o'r un rhywogaeth sy'n tyfu yn yr haul.

Sgiliau mathemategol

Prawf t Student

Gallwn ni ddefnyddio prawf t Student i ganfod a oes gwahaniaeth arwyddocaol rhwng dwy gyfres ddata drwy gymharu eu cymedrau.

Fel pob prawf ystadegol, mae angen dechrau drwy ysgrifennu rhagdybiaeth nwl a rhagdybiaeth y dewis arall:

+ Rhagdybiaeth nwl – does dim gwahaniaeth arwyddocaol rhwng nifer y marciau gwyn ar adar yn safle A ac adar yn safle B.
+ Rhagdybiaeth y dewis arall – mae gwahaniaeth arwyddocaol rhwng nifer y marciau gwyn ar adar yn safle A ac adar yn safle B.

I wneud y prawf t, mae angen cymedr ($\bar{x}$) ac amrywiant (s^2) pob cyfres ddata. Er enghraifft:

$$\text{cymedr safle A} = \frac{18 + 0 + 0 + 6 + 6 + 30 + 0 + 0 + 12 + 24}{10} = 9.6$$

$$\text{cymedr safle B} = \frac{12 + 4 + 0 + 4 + 12 + 20 + 4 + 0 + 8 + 20}{10} = 8.4$$

Yr amrywiant yw cyfanswm y gwyriadau oddi wrth y cymedr wedi'u sgwario, wedi'i rannu â nifer y pwyntiau data tynnu un. Y ffordd orau o gyfrifo hyn yw drwy ddefnyddio tabl.

Safle A

Nifer y marciau gwyn	18	0	0	6	6	30	0	0	12	24
Gwyriad oddi wrth y cymedr ($x - \bar{x}$)	8.4	−9.6	−9.6	−3.6	−3.6	20.4	−9.6	−9.6	2.4	14.4
$(x - \bar{x})^2$	70.56	92.16	92.16	12.96	12.96	416.16	92.16	92.16	5.76	207.36

Un ffordd dda o wirio a ydy'r gwyriadau oddi wrth y cymedr yn gywir yw cyfrifo eu cyfanswm. Dylai'r cyfanswm fod yn hafal i sero bob amser. Nawr, mae angen adio'r gwyriadau oddi wrth y cymedr wedi'u sgwario (y gwerthoedd yn rhes olaf y tabl uchod) a rhannu'r gwerth hwn â nifer y pwyntiau data i gael yr amrywiant.

$$\text{amrywiant safle A} = \frac{70.56 + 92.16 + 92.16 + 12.96 + 12.96 + 416.16 + 92.16 + 92.16 + 5.76 + 207.36}{9} = 121.6$$

Safle B

Nifer y marciau gwyn	12	4	0	4	12	20	4	0	8	20
Gwyriad oddi wrth y cymedr ($x - \bar{x}$)	3.6	−4.4	−8.4	−4.4	3.6	11.6	−4.4	−8.4	−0.4	11.6
$(x - \bar{x})^2$	12.96	19.36	70.56	19.36	12.96	134.56	19.36	70.56	0.16	134.56

$$\text{amrywiant safle B} = \frac{12.96 + 19.36 + 70.56 + 19.36 + 12.96 + 134.56 + 19.36 + 70.56 + 0.16 + 134.56}{9} = 54.9$$

Gan ddefnyddio fformiwla'r prawf t: $t = \dfrac{\bar{x}_1 - \bar{x}_2}{\sqrt{(s_1^2/n_1) + (s_2^2/n_2)}}$

Gallwch chi wirio eich atebion yma: **www.hoddereducation.co.uk/fynodiadauadolygu**

lle mae:

$\bar{x}_1$ = cymedr uwch, $\bar{x}_2$ = cymedr is

$s_1{}^2$ = amrywiant y gyfres ddata â'r cymedr uwch, $s_2{}^2$ = amrywiant y gyfres ddata â'r cymedr is

n_1 = nifer y gwerthoedd yn y gyfres ddata â'r cymedr uwch, n_2 = nifer y gwerthoedd yn y gyfres ddata â'r cymedr is

Amnewid y gwerthoedd:

$$t = \frac{9.6 - 8.4}{\sqrt{(121.6/10) + (54.9/10)}} = \frac{1.2}{\sqrt{12.16 + 5.49}}$$

$$= \frac{1.2}{\sqrt{17.65}} = 0.286$$

Nawr, mae angen i ni gymharu'r gwerth hwn â'r gwerth critigol o dabl. Yn gyntaf, mae angen i ni ganfod y graddau rhyddid. Mewn profion t, rydyn ni'n cael hwn drwy dynnu 1 o nifer y pwyntiau data ym mhob cyfres a'u hadio nhw at ei gilydd.

Yn yr enghraifft hon, mae deg gwerth ym mhob cyfres ddata, felly gwerth y graddau rhyddid yw (10 – 1) + (10 – 1) = 18.

Darllenwch y gwerth critigol o'r tabl isod. Ar gyfer bioleg, rydyn ni fel rheol yn defnyddio lefel arwyddocâd 0.05.

Graddau rhyddid	Lefel arwyddocâd, p			
	0.1	0.05	0.02	0.01
10	1.812	2.228	2.764	3.169
11	1.796	2.201	2.718	3.106
12	1.782	2.179	2.681	3.055
13	1.771	2.16	2.65	3.012
14	1.761	2.145	2.624	2.977
15	1.753	2.131	2.602	2.947
16	1.746	2.120	2.583	2.921
17	1.740	2.110	2.567	2.898
18	1.734	2.101	2.552	2.878
19	1.729	2.093	2.539	2.861

Mae edrych ar y rhes 18 gradd rhyddid a'r golofn lefel arwyddocâd 0.05 yn rhoi gwerth critigol o 2.101.

Mae angen cymharu'r gwerth t sydd wedi'i gyfrifo â'r gwerth critigol. Os yw'r gwerth t sydd wedi'i gyfrifo'n *is* na'r gwerth critigol, mae angen *derbyn y rhagdybiaeth nwl* a *gwrthod rhagdybiaeth y dewis arall*. Os yw'r gwerth t sydd wedi'i gyfrifo'n *uwch* na'r gwerth critigol, mae angen *gwrthod y rhagdybiaeth nwl* a *derbyn rhagdybiaeth y dewis arall*.

Yn yr achos hwn, mae 0.286 < 2.101. Felly mae angen derbyn y rhagdybiaeth nwl a gwrthod rhagdybiaeth y dewis arall. Gallwch chi ddod i'r casgliad nad oes gwahaniaeth arwyddocaol rhwng nifer y marciau ar adar yn safle A ac adar yn safle B.

Cwestiwn ymarfer

1 Mae ymchwiliad yn cael ei gynnal i'r arwynebedd y mae ffyngau yn ei orchuddio ar ddau safle gwahanol. Mae'r tabl isod yn dangos cymedr ac amrywiant y ddau safle.

	Nifer y samplau	Arwynebedd cymedrig y ffyngau/m²	Amrywiant
Safle A	9	0.61	0.04
Safle B	9	0.40	0.06

Defnyddiwch brawf t i ganfod a oes gwahaniaeth arwyddocaol rhwng arwynebedd y ffyngau yn safle A ac yn safle B.

Y cyfanswm genynnol yw holl alelau'r holl enynnau mewn poblogaeth

Mae'r amgylchedd yn rhoi pwysau dethol, sy'n rheoli amlder alel yn y cyfanswm genynnol. Mae amrywiaeth eang o ffurfiau'n gallu bod i'r pwysau dethol hyn, er enghraifft cyflenwad bwyd, safleoedd bridio, hinsawdd, neu effaith bodau dynol.

Rydyn ni'n dweud bod gan yr organebau sydd wedi addasu orau i oroesi'r pwysau dethol hyn fantais ddetholus. Bydd yr alelau sy'n pennu'r nodweddion sy'n rhoi'r fantais ddetholus yn tueddu i gael eu dethol yn y cyfanswm genynnol, a bydd eu hamlder yn cynyddu. Gallwn ni fynegi amlderau alel fel cyfran neu ganran o gyfanswm nifer y copïau o'r holl alelau ar gyfer y genyn hwnnw.

> **Pwysau dethol** Ffactor amgylcheddol sy'n rhoi mantais i rai ffenoteipiau.
>
> **Cyfanswm genynnol** Yr holl alelau sy'n bresennol mewn poblogaeth.

Mae cyfansymiau genynnol yn agored neu'n gaeedig i wahanol raddau

ADOLYGU

+ Mewn poblogaethau agored, caiff alelau newydd eu cyflwyno i'r cyfanswm genynnol drwy ryngfridio â phoblogaethau eraill.
+ Mewn poblogaethau caeedig, ychydig iawn o ryngfridio sy'n digwydd, os o gwbl, ac yn anaml y caiff alelau newydd eu cyflwyno. Mae dethol naturiol yn digwydd o fewn cyfansymiau genynnol.

Mae egwyddor Hardy-Weinberg yn rhagfynegi amlderau alel

Mae **egwyddor Hardy-Weinberg** yn rhagfynegi y bydd amlder alelau un genyn mewn poblogaeth yn aros yr un fath o genhedlaeth i genhedlaeth oni bai bod rhyw ddylanwad allanol yn gweithredu'n uniongyrchol ar yr alelau neu'r genyn dan sylw.

Mae egwyddor Hardy-Weinberg yn gwneud y tybiaethau canlynol:
+ Mae'r boblogaeth yn fawr (100+ o unigolion).
+ Does dim organebau'n symud i mewn i'r boblogaeth (mewnfudo) nac allan o'r boblogaeth (allfudo).
+ Mae unigolion yn y boblogaeth yn paru ar hap.
+ Rhaid i bob genoteip fod yr un mor llwyddiannus â'i gilydd o ran atgenhedlu (dim dethol o blaid nac yn erbyn unrhyw ffenoteip).
+ Does dim mwtaniadau genyn.

Sgiliau mathemategol

Egwyddor Hardy-Weinberg

Mae egwyddor Hardy-Weinberg yn arwain at hafaliad Hardy-Weinberg:

$$p^2 + 2pq + q^2 = 1$$

Ile p = amlder yr alel trechol (**A**), q = amlder yr alel enciliol (**a**), a $p + q = 1.0$.

Felly:

p^2 = amlder y genoteip homosygaidd trechol (**AA**)

q^2 = amlder y genoteip homosygaidd enciliol (**aa**)

$2pq$ = amlder y genoteip heterosygaidd (**Aa**)

Mae hafaliad Hardy-Weinberg yn caniatáu i ni gyfrifo amlderau'r alelau trechol ac enciliol gan ddefnyddio amlderau'r genoteipiau.

Enghraifft wedi'i datrys

Mewn poblogaeth o 350 organeb, mae gan 45 organeb y ffenoteip enciliol ar gyfer nodwedd. Faint o organebau byddech chi'n disgwyl iddynt fod yn homosygaidd trechol ar gyfer y cyflwr hwn?

q^2 = amlder y genoteip homosygaidd enciliol (aa)

$$q^2 = \frac{45}{350}$$

$q^2 = 0.129$

$q = 0.359$

Gallwch chi wirio eich atebion yma: **www.hoddereducation.co.uk/fynodiadauadolygu**

p = amlder yr alel trechol (**A**)

$p + q = 1.0$

$p = 1 - q$

$= 1 - 0.359$

$= 0.641$

p^2 = amlder y genoteip homosygaidd trechol
(**AA**) = 0.411

nifer yr organebau homosygaidd trechol
$= 0.411 \times 350 = 144$

Cwestiwn ymarfer

2 Mewn poblogaeth o 630 organeb, mae gan 120 y ffenoteip enciliol ar gyfer nodwedd. Faint o organebau fyddai'n heterosygaidd ar gyfer y nodwedd hon?

Profi eich hun

PROFI

1 Beth yw cyfanswm genynnol?
2 Beth yw'r term am amrywiad sydd ddim yn cael ei drosglwyddo i epil?
3 Pa fath o nodweddion sy'n perthyn i gategorïau clir?
4 Beth mae egwyddor Hardy-Weinberg yn ei dybio am faint poblogaeth?

Cyngor

Efallai y bydd hafaliad Hardy-Weinberg yn ymddangos yn gymhleth i ddechrau, ond mae'r cwestiynau amdano'n tueddu i fod yn eithaf tebyg i'w gilydd, felly ceisiwch ymarfer cymaint â phosibl. Cyn gynted â'ch bod chi'n gallu ei ddefnyddio'n hyderus, mae'n gallu bod yn ffordd eithaf syml o ennill marciau yn yr arholiad.

Esblygiad yw'r newid i organebau dros lawer o genedlaethau

Mae esblygiad yn arwain at ffurfio rhywogaethau newydd o rywogaethau sy'n bodoli

ADOLYGU

Datblygodd Charles Darwin ddamcaniaeth dethol naturiol i esbonio esblygiad. Wrth deithio ar y llong *HMS Beagle* aeth Darwin i ymweld ag Ynysoedd y Galápagos. Ar yr ynysoedd, casglodd samplau o bincod (adar bach: *finches*). Roedd pig â siâp gwahanol gan bob rhywogaeth pinc. Roedd y pigau wedi addasu i ddull bwydo penodol y mathau gwahanol o bincod.

Rhagdybiaeth Darwin oedd bod y rhywogaethau pincod i gyd wedi tarddu o un cyd-hynafiad a oedd wedi teithio drosodd o dir mawr De America. Gan fod Ynysoedd y Galápagos wedi'u ffurfio'n gymharol ddiweddar, doedd dim llawer o gystadleuaeth ac roedd amrywiaeth eang o gilfachau ecolegol posibl i'r adar eu llenwi.

Drwy gyfrwng dethol naturiol, newidiodd siâp a maint pigau'r adar i fanteisio i'r eithaf ar wahanol gilfachau ecolegol. Mae esblygiad nifer o rywogaethau o un cyd-hynafiad fel hyn i lenwi amrywiaeth o gilfachau ecolegol yn enghraifft o ymlediad addasol.

Cysylltiadau

Rydyn ni'n diffinio cilfach ecolegol fel swyddogaeth organeb mewn ecosystem. Gallwch chi edrych eto ar ddiffiniadau termau ecolegol ar dudalen 32.

Mae mwtaniadau'n arwain at amrywiad genynnol mewn poblogaeth

Mae amrywiad yn golygu bod rhai unigolion wedi addasu'n well i oroesi

ADOLYGU

Mae mwtaniadau'n bwysig i ddethol naturiol gan eu bod nhw'n arwain at amrywiad genynnol mewn poblogaeth. Mae gan unigolion sydd wedi addasu'n well fantais ddetholus. Mae organebau â mantais ddetholus yn fwy tebygol o oroesi ac atgenhedlu. Drwy oroesi a bridio, maen nhw'n trosglwyddo'r alelau sy'n gyfrifol am eu mantais ddetholus i'w hepil. Mae hyn wedyn yn golygu bod yr epil yn fwy tebygol o oroesi. Mae'r broses hon yn digwydd dros gyfnod hir, ac o ganlyniad mae'r nodweddion sy'n rhoi'r fantais ddetholus yn mynd yn gyffredin yn y boblogaeth. Felly, drwy gyfrwng dethol naturiol, mae'r rhywogaeth wedi esblygu.

Mae gorgynhyrchu a chystadleuaeth yn ddwy agwedd bwysig ar ddethol naturiol

ADOLYGU

Mae gorgynhyrchu yn golygu bod poblogaethau'n aros yn gymharol sefydlog dros amser er bod mwy o epil yn cael eu cynhyrchu nag sydd eu hangen i gymryd lle eu rhieni. Cystadleuaeth sy'n gyfrifol am hyn:
+ Cystadleuaeth ryngrywogaethol yw cystadleuaeth rhwng aelodau o rywogaethau gwahanol.
+ Cystadleuaeth fewnrywogaethol yw cystadleuaeth rhwng aelodau o'r un rhywogaeth.

Mae amlderau alel hefyd yn gallu newid oherwydd siawns

Yn ogystal â dethol naturiol, mae amlderau alel yn gallu newid oherwydd siawns – symudiad genynnol. Mae symudiad genynnol yn wahanol i ddethol naturiol gan fod amlderau alel yn newid ar hap – nid oherwydd bod yr alel yn rhoi mantais ddetholus neu beidio.

> **Symudiad genynnol**
> Newidiadau i amlderau alel oherwydd siawns.

Mae'r effaith sylfaenydd yn fath penodol o symudiad genynnol

ADOLYGU

Mae'r effaith sylfaenydd yn digwydd pan fydd grŵp bach o boblogaeth yn cytrefu ardal newydd ac yn ffurfio poblogaeth newydd. Oherwydd bod y boblogaeth newydd wedi'i ffurfio ar hap, gallai fod ganddi lai o amrywiaeth enynnol na'r boblogaeth wreiddiol. Dros amser, mae'r gostyngiad hwn mewn amrywiaeth enynnol a gwahanol alelau yng nghyfanswm genynnol y boblogaeth newydd yn gallu arwain at wahaniaethau mawr rhwng genoteipiau a ffenoteipiau'r boblogaeth newydd a'r hen boblogaeth (Ffigur 12.3).

Gallwch chi wirio eich atebion yma: **www.hoddereducation.co.uk/fynodiadauadolygu**

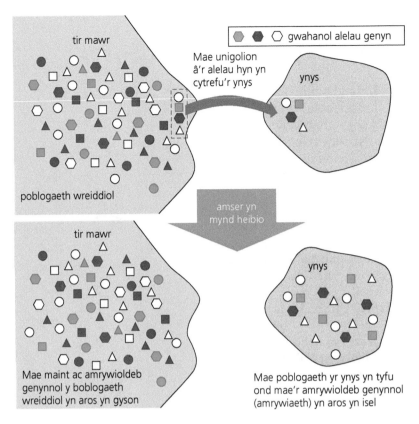

Ffigur 12.3 Canlyniadau'r effaith sylfaenydd

Mae trychineb naturiol yn gallu arwain at enghreifftiau eithafol o symudiad genynnol

ADOLYGU

Os caiff cyfran fawr o boblogaeth ei lladd ar hap gan drychineb naturiol, bydd hyn yn achosi newid mawr ar hap i amlder alel cyfanswm genynnol y boblogaeth.

Mae ffurfiant rhywogaethau yn digwydd pan dydy dau grŵp o organebau ddim yn gallu cynhyrchu epil ffrwythlon mwyach

Pan dydy dau grŵp o organebau ddim yn gallu bridio gyda'i gilydd i gynhyrchu epil ffrwythlon mwyach, bydd dwy rywogaeth wahanol wedi'u ffurfio. Mae dau brif fath o ffurfiant rhywogaethau:

+ ffurfiant rhywogaethau alopatrig
+ ffurfiant rhywogaethau sympatrig

> **Ffurfiant rhywogaethau alopatrig** Ffurfiant rhywogaethau sydd wedi'i achosi gan arunigo daearyddol.
>
> **Ffurfiant rhywogaethau sympatrig** Ffurfiant rhywogaethau sy'n digwydd heb arunigo daearyddol.

Gallai poblogaeth gael ei gwahanu'n ddaearyddol yn ddau grŵp

ADOLYGU

Mae **ffurfiant rhywogaethau alopatrig** yn digwydd pan mae poblogaeth a oedd yn arfer rhyngfridio yn cael ei gwahanu'n ddaearyddol yn ddau grŵp. Mae ffurfiant rhywogaethau alopatrig yn gallu digwydd o ganlyniad i, er enghraifft, ffurfio afon fawr, gwahanu llyn oddi wrth gorff dŵr mwy, neu ddaeargryn. Yr enw ar y grwpiau sydd wedi'u gwahanu yw cymdogaethau – poblogaethau lleol sy'n rhyngfridio ac yn rhannu cyfanswm genynnol ar wahân.

Er mwyn i ffurfiant rhywogaethau ddigwydd, rhaid peidio â chyfnewid genynnau rhwng y ddwy gymdogaeth. Dros amser, bydd cyfansymiau genynnol y ddwy gymdogaeth yn newid. Os yw gwahanol bwysau dethol yn effeithio ar y cymdogaethau, bydd dethol naturiol yn cyflymu'r broses hon; fodd bynnag, mae symudiad genynnol ar hap hefyd yn gallu newid cyfansymiau genynnol. Gan dybio bod gwahanol bwysau dethol yn gweithredu ar y ddwy gymdogaeth:

+ Mae yna amrywiad genynnol yn y ddwy gymdogaeth.
+ O ganlyniad i bwysau dethol, mae gan rai unigolion alelau sy'n rhoi mantais ddetholus iddynt. Gan fod y pwysau dethol yn wahanol i bob poblogaeth, mae'r alelau sy'n rhoi'r fantais ddetholus hefyd yn wahanol.
+ Mae'r organebau â'r fantais ddetholus yn goroesi, yn bridio ac yn trosglwyddo'r alelau sy'n rhoi'r fantais i'w hepil.
+ Mae hyn yn cael ei ailadrodd lawer gwaith dros gyfnod hir iawn a drwy lawer o genedlaethau.
+ Yn y pen draw, mae genynnau'r organebau o'r ddwy boblogaeth mor wahanol i'w gilydd, hyd yn oed pe bai'r anifeiliaid yn gallu rhyngfridio, fydden nhw ddim yn cynhyrchu epil ffrwythlon.
+ Byddai'r cromosomau homologaidd yn yr epil mor wahanol i'w gilydd, fydden nhw ddim yn gallu paru yn ystod proffas I meiosis. Felly, fyddai'r epil ddim yn gallu cynhyrchu gametau ac felly bydden nhw'n anffrwythlon.
+ Gan nad yw'r ddwy boblogaeth nawr yn gallu rhyngfridio i gynhyrchu epil ffrwythlon, bydden ni nawr yn ystyried eu bod nhw'n ddwy rywogaeth wahanol (Ffigur 12.4).

> **Cymdogaeth** Poblogaeth leol sy'n rhannu cyfanswm genynnol ar wahân ac sy'n rhyngfridio.

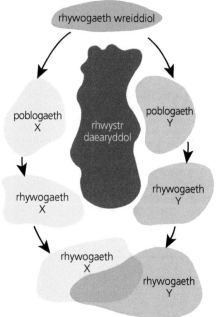

(1) Rhywogaeth wreiddiol

(2) Rhwystr ffisegol yn rhannu'r rhywogaeth yn ddwy boblogaeth

(3) Mewn gwahanol amgylcheddau, mae gwahanol nodweddion yn rhoi mantais ddetholus

(4) Mae'r ddwy boblogaeth yn dangos mwy a mwy o wahaniaethau genynnol

(5) Mae'r ddwy boblogaeth nawr yn rhywogaethau gwahanol; hyd yn oed ar ôl i'r rhwystr fynd, dydyn nhw ddim yn gallu rhyngfridio

Ffigur 12.4 Ffurfiant rhywogaethau alopatrig

Mae grwpiau o organebau mewn poblogaeth yn gallu cael eu harunigo mewn ffyrdd eraill

ADOLYGU

Ffurfiant rhywogaethau sympatrig yw'r term cyffredinol ar gyfer ffurfiant rhywogaethau sy'n deillio oddi mewn i'r un ardal ddaearyddol. Dyma rai mecanweithiau arunigo posibl ar gyfer ffurfiant rhywogaethau sympatrig:

+ Arunigo morffolegol – mae amrywiad yn organau rhyw organebau o'r un rhywogaeth yn gallu golygu na fyddan nhw'n gallu paru'n llwyddiannus. Mae'r math hwn o arunigo i'w weld mewn pryfed a phlanhigion.

Gallwch chi wirio eich atebion yma: **www.hoddereducation.co.uk/fynodiadauadolygu**

+ Arunigo ymddygiadol – mae amrywiadau mewn ymddygiad denu cymar a pharu yn gallu achosi i grwpiau o rywogaeth benodol gael eu harunigo oddi wrth ei gilydd. Rydyn ni wedi gweld hyn mewn rhywogaethau o'r pryf ffrwythau *Drosophila*.
+ Arunigo tymhorol – efallai y bydd cyfnodau atgenhedlu organebau'n mynd yn wahanol, felly fyddan nhw ddim yn cynhyrchu gametau ar yr un pryd ac felly fydd y gametau ddim yn gallu cwrdd.
+ Arunigo gamedol – hyd yn oed os yw gametau dwy organeb wahanol yn gallu cwrdd, dydy ffrwythloniad ddim yn digwydd. Mae'r math hwn o arunigo'n gyffredin ymysg infertebratau morol.
+ Anhyfywedd croesryw – mae ffrwythloniad yn digwydd ond dydy'r embryo ddim yn gallu datblygu'n organeb fyw.
+ Anffrwythlondeb croesryw – mae organeb hybrid yn ffurfio, ond mae'n anffrwythlon oherwydd dydy ei chromosomau homologaidd ddim yn gallu paru yn ystod meiosis I, felly does dim gametau yn gallu ffurfio.

Gweithgaredd adolygu

Crëwch dabl crynodeb o bob un math o ffurfiant rhywogaethau sympatrig; yna gorchuddiwch yr esboniadau a cheisio ysgrifennu pob un. Gwiriwch eich atebion gan nodi unrhyw gamgymeriadau rydych chi wedi'u gwneud. Ewch dros y meysydd hyn ac yna ailadroddwch y gweithgaredd i weld a ydych chi wedi llwyddo i'w dysgu nhw.

Profi eich hun

PROFI

5 Beth yw'r mecanwaith arunigo ar gyfer ffurfiant rhywogaethau alopatrig?

6 Pa fath o ffurfiant rhywogaethau a fyddai'n cael ei achosi gan arunigo ymddygiadol?

7 Beth yw symudiad genynnol?

8 Pam byddai organeb hybrid yn anffrwythlon pe na bai ganddi hi gromosomau homologaidd?

Crynodeb

Dylech chi allu:
+ Esbonio sut mae ffactorau genynnol ac amgylcheddol yn cynhyrchu amrywiad rhwng unigolion.
+ Disgrifio amrywiad fel parhaus neu amharhaus ac fel etifeddol neu anetifeddol.
+ Esbonio effeithiau cystadleuaeth ryngrywogaethol a mewnrywogaethol ar fridio'n llwyddiannus a goroesi.
+ Disgrifio sut mae cyfryngau detholus yn effeithio ar allu organebau i oroesi.

+ Esbonio cysyniad y cyfanswm genynnol a sut mae symudiad genynnol a dethol yn effeithio ar amlderau alel mewn poblogaeth.
+ Defnyddio egwyddor a hafaliad Hardy-Weinberg, gan gynnwys disgrifio'r amodau lle mae egwyddor Hardy-Weinberg yn berthnasol.
+ Disgrifio damcaniaeth esblygiad Darwin.
+ Esbonio sut mae ffurfiant rhywogaethau alopatrig a sympatrig yn gallu digwydd.

Cwestiynau enghreifftiol

1 Mae ynysoedd newydd yn gallu ffurfio ar ôl echdoriadau folcanig o dan y môr. Yna, bydd organebau'n gallu dod o ynysoedd cyfagos i gytrefu'r rhain.

a Esboniwch sut byddai cyfansymiau genynnol y poblogaethau hyn ar yr ynysoedd newydd yn mynd yn wahanol i'r boblogaeth wreiddiol dros amser:

i pe bai gan yr ynys newydd bwysau dethol gwahanol iawn i'r ynysoedd gwreiddiol [3]

ii pe bai'r ynys newydd yn debyg iawn i'r ynysoedd gwreiddiol [3]

b Mae'r tabl isod yn dangos canlyniadau ymchwiliad i uchderau rhywogaeth gwair sydd i'w chael ar ddwy ynys folcanig. Mae'r ymchwilydd sy'n cynnal yr ymchwiliad yn dod i'r casgliad bod hyd y gwair ar ynys A yn wahanol iawn i hyd y gwair ar ynys B. Defnyddiwch brawf *t* i werthuso'r casgliad hwn. [5]

Uchder y gwair/mm	
Ynys A	Ynys B
78	30
85	5
91	17
67	27
82	19
98	13

2 a Awgrymwch sut byddai'r cyfansymiau genynnol a'r amlderau alel yn wahanol yn y ddwy boblogaeth isod:

i poblogaeth arunig (A) heb lawer o fewnfudo nac allfudo [2]

ii poblogaeth agored (B) â lefelau uchel o fewnfudo ac allfudo [2]

b Hoffai gwyddonydd ddefnyddio egwyddor Hardy-Weinberg i ddadansoddi'r amlderau alel yn y ddwy boblogaeth. Gwerthuswch y syniad hwn. [3]

91

13 Cymwysiadau atgenhedlu a geneteg

Y genom yw cyfarwyddiadau genynnol organeb

Mae genomeg yn ymwneud â dilyniannodi, cydosod a dadansoddi adeiledd a swyddogaeth genomau.

Project rhyngwladol yw'r Project Genom Dynol a gafodd ei sefydlu i ganfod dilyniant y niwcleotidau sy'n gwneud DNA bodau dynol, canfod pa enynnau sydd ynddo, a'u mapio nhw. Fel rhan o'r gwaith, mae genynnau wedi cael eu dilyniannodi (gwybod eu dilyniant niwcleotidau), ac mae eu lleoliad ar y cromosomau wedi'i ganfod (mapio genynnau).

> **Genom dynol** Dilyniant asidau niwclëig cyflawn bodau dynol.

Rydyn ni nawr yn gwybod dilyniant niwcleotidau cyflawn y genom dynol

ADOLYGU

Mae'r gwaith yn parhau i adnabod y genynnau yn y genom a chanfod eu swyddogaethau. Mae gan y Project Genom Dynol nifer o fuddion posibl:
+ Datblygu triniaethau meddygol newydd sydd wedi'u targedu'n well.
+ Cynyddu'r cyfleoedd i sgrinio anhwylderau genynnol. O wybod dilyniant yr alel(au) sy'n achosi clefyd sy'n cael ei bennu'n enynnol, gall gwyddonwyr ganfod a fydd unigolyn yn datblygu'r clefyd.
+ Gall gwyddonwyr hefyd chwilio am fwtaniadau mewn genynnau penodol a allai arwain at anhwylderau genynnol.

Roedd y Project Genom Dynol yn defnyddio dilyniannodi Sanger, sy'n dilyniannodi darnau cymharol fach o DNA ar y tro (fel arfer llai na 1,000 pâr o fasau). Mae dilyniannodwyr y genhedlaeth nesaf yn gallu dilyniannodi genom cyfan mewn rhai oriau, ac mae'r rhain yn cael eu defnyddio yn y Project 100K Genom i astudio amrywiad yng ngenomau 100 000 o bobl yn y DU.

Mae cynghorwyr geneteg yn helpu i roi diagnosis o anhwylderau genynnol a chefnogi cleifion

ADOLYGU

Mae cynghori ar eneteg yn golygu rhoi cyngor i gleifion sy'n wynebu risg o ddatblygu neu drosglwyddo clefyd genynnol ynghylch goblygiadau'r cyflwr a'r risgiau o'i drosglwyddo i'w hepil.

Wrth gynghori pobl am y risg o gael plant a allai ddioddef o anhwylder genynnol, bydd cynghorwyr geneteg yn ystyried:
+ nifer y bobl sydd â'r cyflwr yn y boblogaeth gyffredinol
+ a ydy'r rhieni yn perthyn yn agos i'w gilydd
+ a oes gan y naill riant neu'r llall hanes o'r cyflwr yn y teulu

Yna, bydd y cynghorwr geneteg yn gallu rhoi cyngor ynghylch sgrinio.

Gallwch chi wirio eich atebion yma: **www.hoddereducation.co.uk/fynodiadauadolygu**

Mae amrywiaeth o fuddion posibl i sgrinio genynnol

ADOLYGU

+ Canfod a ydy unigolyn yn gludydd (ag alel enciliol) ar gyfer cyflwr penodol.
+ Sgrinio plant heb eu geni am glefydau genynnol. Dyma rai enghreifftiau o brofion:
    + profion gwaed – sy'n cael eu defnyddio i sgrinio am ffibrosis cystig
    + amniocentesis – tynnu sampl o hylif amniotig; bydd hwn yn cynnwys rhai celloedd o'r ffoetws, a bydd modd eu profi
    + samplu filysau corionig – tynnu cyfaint bach iawn o feinwe a phrofi'r celloedd; rydyn ni'n defnyddio hyn i sgrinio am ffibrosis cystig
+ Profi plant neu oedolion am gyflyrau sydd ddim wedi datblygu eto. Gallai hyn gynnwys clefyd Huntington, sydd ddim fel arfer yn cynhyrchu symptomau tan ganol oed, neu thalasaemia.
+ Rhoi diagnosis, ac mewn profion fforensig i ganfod pwy yw rhywun.

> **Amniocentesis** Samplu'r hylif amniotig, i roi diagnosis cyn geni.

Mae gan sgrinio genynnol anfanteision posibl

ADOLYGU

+ Ar gyfer rhai cyflyrau, fel canser neu glefyd Alzheimer, dim ond arwydd o risg uwch y bydd sgrinio genynnol yn ei roi. Mae hyn yn golygu ei bod hi'n gallu bod yn anodd dehongli canlyniadau, a gallai achosi pryder i bobl fydd byth yn datblygu'r clefyd mewn gwirionedd.
+ Mae risg o ddefnyddio'r profion i wahaniaethu yn erbyn pobl. Byddai canlyniadau profion yn gallu cael eu defnyddio wrth wneud penderfyniadau am gyflogi pobl neu mewn materion ariannol, fel yswiriant neu forgeisi.
+ Mae yna risg o ganlyniadau positif anghywir (dweud wrth bobl bod ganddyn nhw alel ar gyfer clefyd pan dydy hyn ddim yn wir) neu fethu â rhoi diagnosis o gyflwr oherwydd gwall yn y labordy.
+ Mae sgrinio embryonau wedi arwain at ofnau y gallai pobl ddewis alelau i sicrhau nodweddion penodol.

Rydyn ni wedi dilyniannodi genomau o lawer o organebau eraill

ADOLYGU

Rydyn ni wedi dilyniannodi genomau organebau eraill gan gynnwys y mosgito *Anopheles gambiae* a'r parasit *Plasmodium* y mae'n ei drosglwyddo, gan achosi malaria. Mae *Anopheles* wedi datblygu ymwrthedd i bryfleiddiaid, felly efallai y bydd dilyniannodi yn ein galluogi ni i ddatblygu cyfryngau cemegol y gallwn ni eu defnyddio fel pryfleiddiaid yn erbyn y mosgito. Mae *Plasmodium* hefyd wedi datblygu ymwrthedd i gyffuriau, felly efallai y bydd dilyniannodi ei genom yn caniatáu i ni ddatblygu cyffuriau mwy effeithiol.

Gellir defnyddio olion bysedd genynnol mewn ymchwiliadau fforensig

Mae gan bawb ôl bys genynnol unigol

ADOLYGU

Gan fod olion bysedd genynnol (proffiliau DNA) yn unigryw i unigolyn (heblaw gefeilliaid genynnol unfath), gallwn ni eu defnyddio nhw mewn ymchwiliadau troseddol fforensig – er enghraifft, i ganfod a oedd rhywun yn bresennol mewn safle trosedd. Gallwn ni ddefnyddio olion bysedd genynnol i wneud profion tadolaeth hefyd.

Mae'r broses o adnabod olion bysedd genynnol yn defnyddio darnau o DNA sydd ddim yn codio, sef intronau, sy'n cynnwys blociau o niwcleotidau'n ailadrodd o'r enw ailadroddiadau tandem byr (STR: *short tandem repeats*). Mae gan bob unigolyn nifer gwahanol o'r ailadroddiadau hyn.

Cysylltiadau

Mae intronau yn cael eu tynnu o rag-mRNA cyn i drosiad ddigwydd. Mae'r ecsonau – y darnau o DNA sy'n codio – yna'n cael eu sbleisio at ei gilydd gan DNA ligas.

Ensym cyfyngu Ensym sy'n torri DNA ar ddilyniant basau penodol.

Electrofforesis Techneg i wahanu moleciwlau DNA yn ôl maint y darnau.

Rydyn ni'n echdynnu DNA o'r celloedd yn y sampl.

Mae ensymau cyfyngu yn cael eu defnyddio i dorri'r DNA yn ddarnau gwahanol faint. Bydd gan bob unigolyn ddarnau o wahanol hyd.

Rydyn ni'n defnyddio electrofforesis i wahanu'r darnau o DNA. Rydyn ni'n rhoi'r DNA mewn pantiau bach mewn gel, ac yn rhoi foltedd ar draws y gel.

Gan fod gwefr negatif ar y DNA, mae'n cael ei atynnu at yr anod positif. Mae darnau o DNA o wahanol hydoedd yn symud ar wahanol gyfraddau i fyny'r gel; mae darnau hirach yn symud yn arafach na darnau byrrach.

Ar ôl amser penodol, mae'r broses yn cael ei stopio. Mae gan bob unigolyn ddarnau DNA o wahanol faint, felly mae'r patrwm sy'n cael ei ffurfio gan y gwahanol bellterau symud yn unigryw i bob unigolyn.

Mae ysgol DNA, sy'n cynnwys darnau DNA o hydoedd hysbys, yn gallu cael ei rhedeg wrth ymyl y sampl i helpu i amcangyfrif maint darnau.

Cysylltiadau

Mae gwefr negatif ar DNA oherwydd y grwpiau ffosffad yn yr asgwrn cefn siwgr–ffosffad.

Mae'r PCR yn bwysig o ran cymhwyso geneteg

Mae'r PCR yn cynhyrchu biliynau o gopïau o sampl DNA

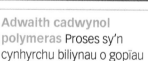

Rydyn ni'n defnyddio'r adwaith cadwynol polymeras (PCR: *polymerase chain reaction*) i gynhyrchu biliynau o gopïau o sampl DNA i'w defnyddio mewn prosesau fel adnabod olion bysedd genynnol. Mae'n defnyddio ensymau DNA polymeras â thymheredd optimwm uchel, fel Taq polymeras.

+ Mae'r DNA targed (y DNA i'w gopïo) yn cael ei gymysgu â DNA polymeras, niwcleotidau a phrimyddion. Darnau byr o DNA yw primyddion sy'n rhoi man cychwyn i'r DNA polymeras ddyblygu DNA.
+ Mae'r hydoddiant yn cael ei wresogi i 95°C. Mae hyn yn torri'r bondiau hydrogen sy'n dal y ddau edefyn DNA at ei gilydd. Un edefyn yw'r DNA nawr.
+ Mae'r hydoddiant yn cael ei oeri i 55°C. Mae hyn yn sbarduno'r primyddion i uno â'u basau cyflenwol ar y DNA targed.
+ Mae'r hydoddiant yn cael ei wresogi i 70°C, sef y tymheredd optimwm ar gyfer y DNA polymeras. Gan ddefnyddio'r primyddion fel man cychwyn, mae'r ensymau'n catalyddu'r broses o ffurfio edafedd DNA cyflenwol o'r niwcleotidau rhydd ar gyfer dau edefyn y moleciwl DNA targed (Ffigur 13.1).
+ Yna, mae'r broses uchod yn cael ei hailadrodd lawer gwaith i gynhyrchu biliynau o gopïau o'r DNA targed.

Adwaith cadwynol polymeras Proses sy'n cynhyrchu biliynau o gopïau o ddarn o DNA.

Gallwch chi wirio eich atebion yma: **www.hoddereducation.co.uk/fynodiadauadolygu**

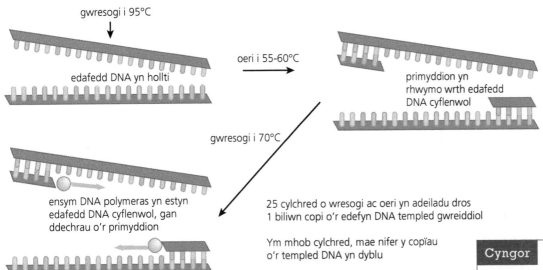

gwresogi i 95°C

edafedd DNA yn hollti

oeri i 55-60°C

primyddion yn rhwymo wrth edafedd DNA cyflenwol

gwresogi i 70°C

ensym DNA polymeras yn estyn edafedd DNA cyflenwol, gan ddechrau o'r primyddion

25 cylchred o wresogi ac oeri yn adeiladu dros 1 biliwn copi o'r edefyn DNA templed gwreiddiol

Ym mhob cylchred, mae nifer y copïau o'r templed DNA yn dyblu

Ffigur 13.1 Prif gamau'r adwaith cadwynol polymeras

Profi eich hun PROFI ○

1 Beth yw ailadroddiadau tandem byr?
2 Pa ensymau sy'n cael eu defnyddio ar y sampl DNA cyn defnyddio electrofforesis?
3 Pam mae DNA yn symud i fyny'r gel electrofforesis?
4 Beth yw'r tri gwahanol dymheredd sy'n cael eu defnyddio mewn PCR?

Cyngor

Mae angen i chi ddysgu'r tymereddau sy'n cael eu defnyddio ar bob cam yn y PCR a bod yn barod i esbonio pam. Cofiwch mai'r tymheredd uchaf (95°C) sy'n cael ei ddefnyddio gyntaf i dorri'r bondiau hydrogen; mae'r primyddion yn anelio ar 55°C; a 70°C yw'r tymheredd optimwm ar gyfer y Taq DNA polymeras.

Mae peirianneg genynnau yn defnyddio technoleg DNA ailgyfunol

Mae darn newydd o DNA 'estron' yn cael ei ymgorffori mewn plasmid bacteriol

ADOLYGU ○

Mae DNA ailgyfunol yn cael ei gynhyrchu fel hyn:
+ Adnabod y genyn gofynnol drwy ddefnyddio chwiliedydd genynnau.
+ Torri'r genyn allan gan ddefnyddio ensymau cyfyngu, sy'n cynhyrchu pennau gludiog – DNA â darnau byr o fasau heb baru.
+ Yna, defnyddio yr un ensymau cyfyngu i dorri plasmid bacteriol. Gan fod yr un ensym cyfyngu yn cael ei ddefnyddio, mae'n cynhyrchu pennau gludiog sy'n gyflenwol i'r genyn. Yna, caiff yr ensym DNA ligas ei ddefnyddio i uno (sbleisio) y pennau gludiog â'i gilydd (gweler tudalennau 96 i 97).

DNA ailgyfunol DNA sy'n tarddu o fwy nag un organeb.

Cysylltiadau

Mae'r cod genynnol yn gyffredinol, sy'n golygu bod yr un basau niwcleotid yn bresennol mewn bacteria ag mewn bodau dynol.

Gellir defnyddio trawsgrifiad gwrthdro i gynhyrchu DNA o edefyn mRNA

ADOLYGU ○

Dyma sut mae proses trawsgrifiad gwrthdro yn digwydd:
+ Echdynnu mRNA sy'n codio ar gyfer y protein dan sylw.
+ Mae'r ensym transgriptas gwrthdro yn adeiladu edefyn cyflenwol o DNA un edefyn o niwcleotidau DNA rhydd.
+ Yna, defnyddio'r ensym DNA polymeras i gynhyrchu moleciwl cDNA dau edefyn o'r DNA un edefyn. Bydd y cDNA hwn yn codio ar gyfer y protein sydd ei angen (Ffigur 13.2). Yna, mae'n bosibl ymgorffori'r DNA hwn mewn plasmid, fel sydd wedi'i nodi uchod.

Trawsgrifiad gwrthdro Cynhyrchu cDNA o dempled mRNA.

95

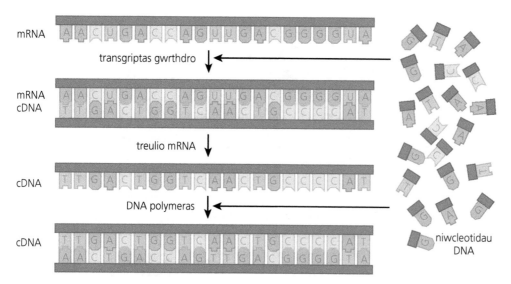

Ffigur 13.2 Defnyddio transgriptas gwrthdro i greu'r genyn

Gallwn ni addasu bacteria i gynhyrchu sylweddau defnyddiol

Gallwn ni ddefnyddio technoleg DNA ailgyfunol i gynhyrchu inswlin dynol

ADOLYGU

Mae technoleg DNA ailgyfunol wedi ein galluogi ni i gynhyrchu inswlin dynol – i'w ddefnyddio i drin diabetes – o facteria. Dyma'r broses:

+ Rydyn ni'n defnyddio chwiliedydd genynnau i ganfod y genyn sy'n cynhyrchu inswlin mewn cell ddynol iach. Yna, rydyn ni'n defnyddio ensymau cyfyngu penodol i dorri'r genyn o'r DNA.
+ Yna, rydyn ni'n defnyddio'r un ensymau cyfyngu i dorri plasmid bacteriol, gan gynhyrchu pennau gludiog cyflenwol yn y genyn inswlin a hefyd yn y plasmid (Ffigur 13.3).

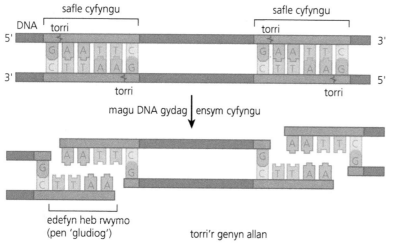

Ffigur 13.3 Toriadau igam-ogam mewn DNA yn cynhyrchu 'pennau gludiog'

Gallwch chi wirio eich atebion yma: **www.hoddereducation.co.uk/fynodiadauadolygu**

+ Yna, caiff DNA ligas ei ddefnyddio i uno (sbleisio) y genyn inswlin i mewn i'r plasmid bacteriol (Ffigur 13.4).

Ffigur 13.4 Trosglwyddo genyn i mewn i'r plasmid bacteriol

+ Mae genyn marciwr, fel genyn sy'n rhoi ymwrthedd i wrthfiotig penodol, hefyd yn cael ei fewnosod yn y plasmid.
+ Yna, mae'r plasmid yn cael ei gyflwyno i feithriniad bacteria. Bydd rhywfaint o'r bacteria yn derbyn y plasmid. Rydyn ni'n defnyddio'r genyn marciwr i weld pa facteria sydd wedi derbyn y plasmid ac sy'n cynhyrchu inswlin. Yn achos genyn marciwr ymwrthedd i wrthfiotig, rydyn ni'n ychwanegu gwrthfiotig. Bydd hyn yn lladd unrhyw facteria sydd heb dderbyn y plasmid.
+ Mae'r bacteria sydd wedi goroesi yn cael eu meithrin mewn eplesydd i gynhyrchu poblogaeth fawr o facteria sydd i gyd yn cynhyrchu inswlin.
+ Yna, caiff yr inswlin ei echdynnu a'i buro.

Prif fantais defnyddio DNA ailgyfunol yw gallu cynhyrchu symiau mawr o brotein cymhleth fel inswlin dynol. Mae hyn yn cael gwared ar yr angen i ddefnyddio inswlin o famolion eraill (fel moch) i drin diabetes.

Mae anfanteision sylweddol i ddefnyddio DNA ailgyfunol i gynhyrchu cynhyrchion dynol:
+ Mae'n broses dechnegol gymhleth ac, felly, mae'n ddrud i'w gwneud ar raddfa ddiwydiannol.
+ Mae'n gallu bod yn anodd adnabod genyn y cynnyrch, neu gallai llawer o enynnau fod yn rhan o'r broses o gynhyrchu'r cynnyrch.
+ Dydy pob genyn o ewcaryotau ddim yn gallu cael ei fynegi mewn procaryotau.
+ Mae yna bryder am ddefnyddio genynnau marcio ymwrthedd i wrthfiotigau a fyddai'n gallu cael eu trosglwyddo i facteria pathogenaidd sy'n byw'n rhydd.

Gallwn ni addasu planhigion i roi nodweddion dymunol

Mae addasu genynnau yn arbennig o ddefnyddiol mewn cnydau

ADOLYGU ○

Mae un dull o gyflwyno genynnau i blanhigion ar gyfer nodweddion buddiol, fel ymwrthedd i glefydau neu oes silff hirach i gynhyrchion, yn cynnwys defnyddio bacteria. Mae rhai rhywogaethau bacteria yn ymosod ar blanhigion sydd wedi'u difrodi ac yn ysgogi twf tiwmorau. Mae'r genynnau a fyddai'n arwain at ffurfio tiwmorau yn cael eu tynnu, ac mae genynnau sy'n codio ar gyfer nodweddion dymunol yn cael eu rhoi yn eu lle. Yna, mae'r bacteria yn cyflwyno'r genynnau ar gyfer y nodweddion buddiol i'r planhigyn. Mae tomatos a soia yn ddwy enghraifft o gnydau a'u genynnau wedi'u haddasu (cnydau GM).

Dyma rai o fanteision cnydau a'u genynnau wedi'u haddasu:
+ oes silff hirach i gynhyrchion
+ mwy o gynnyrch – cynhyrchu mwy o gynhyrchion

- defnyddio llai o blaleiddiaid – gallwn ni addasu genynnau cnydau i'w gwneud nhw'n well am wrthsefyll plâu fel ffyngau a phryfed, fel bod angen llai o blaleiddiaid. Mae hyn yn fantais oherwydd mae plaleiddiaid yn ddrud ac yn cael effeithiau ecolegol anffafriol.

Dyma rai o anfanteision posibl defnyddio cnydau a'u genynnau wedi'u haddasu:
- Mae yna risg y gallai paill o blanhigion a'u genynnau wedi'u haddasu beillio planhigion naturiol gwyllt. Gallai hyn arwain at oblygiadau annisgwyl i'r poblogaethau naturiol.
- Pryderon am effeithiau iechyd tymor hir posibl o fwyta cynhyrchion sy'n deillio o organebau a'u genynnau wedi'u haddasu.
- Gallai defnyddio mwy o gnydau a'u genynnau wedi'u haddasu hefyd arwain at leihad cyffredinol mewn bioamrywiaeth.

Mae genyn iach yn gallu cymryd lle genyn diffygiol

Therapi genynnau yw'r broses o osod genyn iach yn lle genyn diffygiol sy'n achosi clefyd genynnol. Mae dau ddull therapi genynnau:
- Therapi genynnau celloedd llinach – amnewid y genynnau yn y sbermatosoa neu'r wy; mae hyn wedi'i wahardd ar hyn o bryd yn y rhan fwyaf o wledydd.
- Therapi genynnau celloedd somatig – amnewid y genynnau yn y claf.

Er mwyn i therapi genynnau weithio, mae'n rhaid cyflwyno'r genyn iach i gelloedd y claf; mae angen fector i wneud hyn – mae firysau a liposomau yn enghreifftiau o fectorau. Rhaid i drawsgrifiad a throsiad y genyn ddigwydd wedyn, a chynhyrchu'r protein cywir sydd ddim yn ddiffygiol.

Gweithgaredd adolygu

Mae'n hawdd drysu rhwng beth sy'n digwydd ar wahanol gamau therapi genynnau, technoleg DNA ailgyfunol, PCR ac adnabod olion bysedd genynnol. I helpu â hyn, rhannwch ddarn mawr o bapur yn bedair adran. Ysgrifennwch bob un o'r technegau hyn fel pennawd a chrynhowch y pwyntiau allweddol. Defnyddiwch uwch-oleuwyr i ddangos lle mae'r prosesau'n debyg i'w gilydd.

Gellid defnyddio therapi genynnau i dargedu dystroffi cyhyrol Duchenne

ADOLYGU

Mae dystroffi cyhyrol Duchenne yn gyflwr sy'n cael ei achosi gan fwtaniadau yn y genyn sy'n codio ar gyfer y protein dystroffin. Mae'r protein dystroffin yn bwysig i atal niwed i gyhyrau wrth iddyn nhw gyfangu. Mae'r mwtaniad yn golygu nad yw'r genyn yn cynhyrchu dystroffin, sy'n arwain at symptomau dystroffi cyhyrol Duchenne.

Byddai'n bosibl defnyddio therapi genynnau i roi genyn dystroffi iach yn lle'r fersiwn diffygiol. Yna, byddai'n cynhyrchu'r protein dystroffin.
- Mae'r genyn iach yn cael ei fewnosod mewn fector firol diberygl.
- Mae'r firws yn cael ei chwistrellu i mewn i'r meinwe cyhyr.
- Mae'r firws yn cyflenwi'r genyn iach i'r celloedd cyhyr.
- Mae'r genyn newydd yn cael ei ymgorffori yn DNA y gell. Os yw'r genyn newydd yn cyflawni trawsgrifiad a throsiad, bydd yn cynhyrchu'r protein dystroffin cywir. Dylai hyn leddfu symptomau dystroffi cyhyrol.

Er bod gan therapi genynnau y fantais o allu darparu triniaeth i gyflyrau difrifol fel dystroffi cyhyrol, mae yna rai anfanteision posibl. Mae'r rhain yn cynnwys sgil effeithiau, fel adweithiau anffafriol i'r fector a'r posibilrwydd o actifadu oncogenynnau.

Cysylltiadau

Mae dystroffi cyhyrol Duchenne yn enghraifft o gyflwr rhyw-gysylltiedig – dim ond ar y cromosom X mae'r alel diffygiol yn cael ei gludo. Mae hyn yn golygu mai dim ond un copi o'r alel sydd ei angen ar wrywod i ddioddef o'r cyflwr, sy'n ei wneud yn llawer mwy cyffredin mewn gwrywod.

Gallwch chi wirio eich atebion yma: **www.hoddereducation.co.uk/fynodiadauadolygu**

Gallwn ni ddefnyddio bôn-gelloedd ar gyfer peirianneg meinweoedd

Cnydau lluosbotensial, diwahaniaeth yw bôn-gelloedd

Fel celloedd lluosbotensial (*pluripotent cells*), diwahaniaeth, mae gan fôn-gelloedd y potensial i rannu a gwahaniaethu i ffurfio'r rhan fwyaf o'r celloedd arbenigol yn yr organeb wreiddiol. Yna, gallwn ni ddefnyddio'r bôn-gelloedd hyn i gynhyrchu meinweoedd neu organau. Mae llawer o ddadlau moesegol ynglŷn â defnyddio bôn-gelloedd oherwydd mae'r rhan fwyaf yn deillio o embryonau, ac mae'r broses yn dinistrio'r embryo.

> **Celloedd lluosbotensial** Celloedd sy'n gallu rhannu i ffurfio'r rhan fwyaf o fathau o gelloedd mewn organeb.
>
> **Bôn-gelloedd** Celloedd diwahaniaeth sy'n gallu rhannu i ffurfio gwahanol fathau o gelloedd.
>
> **Gwahaniaethu** Troi'n gelloedd arbenigol.

Profi eich hun

PROFI

5 Beth yw'r gwahaniaeth rhwng therapi celloedd somatig a therapi celloedd llinach?

6 I beth rydyn ni'n defnyddio chwiliedydd genynnau?

7 Rhowch ddwy enghraifft o fectorau rydyn ni'n eu defnyddio ar gyfer therapi genynnau.

8 Rhowch ddwy enghraifft o gnydau a'u genynnau wedi'u haddasu.

Crynodeb

Dylech chi allu:

+ Disgrifio'r Project Genom Dynol a'r Project 100K Genom, a'r materion moesegol sy'n codi wrth ddefnyddio gwybodaeth o'r rhain i sgrinio embryonau am anhwylderau genynnol.

+ Disgrifio sut rydyn ni wedi dilyniannodi genomau organebau eraill hefyd.

+ Disgrifio sut gallwn ni ddefnyddio PCR ac electrofforesis i gynhyrchu ôl bys genynnol i'w ddefnyddio fel tystiolaeth fforensig.

+ Esbonio sut gallwn ni ddefnyddio DNA ailgyfunol i addasu genynnau bacteria i gynhyrchu proteinau dynol.

+ Disgrifio'r materion sy'n codi o addasu genynnau cnydau.

+ Disgrifio manteision ac anfanteision defnyddio therapi genynnau.

+ Disgrifio'r materion sy'n codi o ddefnyddio triniaethau bôn-gelloedd.

Cwestiynau enghreifftiol

1 Mae Ffigur 13.5 yn dangos nifer y copïau o sampl DNA sy'n cael ei gynhyrchu mewn PCR.

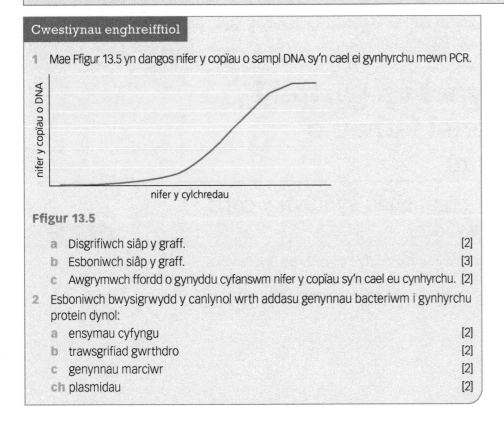

Ffigur 13.5

a Disgrifiwch siâp y graff. [2]

b Esboniwch siâp y graff. [3]

c Awgrymwch ffordd o gynyddu cyfanswm nifer y copïau sy'n cael eu cynhyrchu. [2]

2 Esboniwch bwysigrwydd y canlynol wrth addasu genynnau bacteriwm i gynhyrchu protein dynol:

a ensymau cyfyngu [2]

b trawsgrifiad gwrthdro [2]

c genynnau marciwr [2]

ch plasmidau [2]

99

14 Opsiwn A: Imiwnoleg a chlefydau

Mae angen i chi allu diffinio nifer o dermau ar gyfer y testun hwn (Tabl 14.1).

Tabl 14.1 Termau allweddol sy'n ymwneud ag imiwnoleg a chlefydau

Term	Diffiniad
Pathogen	Organeb sy'n achosi niwed i organeb letyol
Heintus	Clefyd sy'n gallu cael ei drosglwyddo o un organeb i'r llall
Cludydd	Unigolyn sy'n cludo'r micro-organebau sy'n achosi clefyd ac yn gallu eu trosglwyddo nhw, ond heb fod â dim symptomau o'r clefyd ei hun
Cronfa clefyd	Organeb letyol tymor hir i bathogen sy'n achosi clefyd heintus
Endemig	Clefyd sy'n bodoli o hyd ar lefelau isel mewn ardal benodol
Epidemig	Clefyd heintus yn lledaenu'n gyflym i nifer mawr o bobl mewn poblogaeth
Pandemig	Epidemig o glefyd heintus sydd wedi lledaenu drwy boblogaethau ar fwy nag un cyfandir
Brechlyn	Triniaeth sy'n rhoi imiwnedd caffaeledig, gweithredol rhag clefyd
Gwrthgyrff	Proteinau crwn siâp-Y sy'n cael eu cynhyrchu gan gelloedd plasma B, ac sy'n dinistrio pathogenau drwy gyfludo
Gwrthfiotig	Sylwedd sy'n cael ei gynhyrchu gan ficro-organebau ac sy'n effeithio ar dwf micro-organebau eraill
Ymwrthedd i wrthfiotig	Sefyllfa lle dydy gwrthfiotig a ddylai effeithio ar ficro-organeb ddim yn effeithio arni mwyach
Antigen	Moleciwl ar arwyneb pathogen sy'n sbarduno ymateb imiwn
Mathau antigenig	Gwahanol fathau o antigen ar arwyneb celloedd, sy'n aml yn cael eu hachosi gan fwtaniad
Fector	Organeb fyw sy'n trosglwyddo clefyd o un organeb i'r llall
Tocsin	Sylwedd gwenwynig sy'n cael ei gynhyrchu gan ficro-organebau ac sy'n niweidio'r organeb letyol

Mae'r corff dynol yn gartref i lawer o wahanol fathau o ficro-organebau

Mae rhai o'r micro-organebau sydd yn y corff yn gallu bod yn niweidiol

ADOLYGU

Mae llawer o'r micro-organebau sydd yn y corff dynol yn gallu bod yn fuddiol (cydfwytaol neu gydymddibynnol), ond mae rhai'n gallu bod yn niweidiol gan achosi clefyd (pathogenaidd). Mae Tabl 14.2 yn rhoi enghreifftiau o ficro-organebau pathogenaidd.

Clefyd	Ffynhonnell yr haint a'r modd trosglwyddo	Meinweoedd mae'n effeithio arnynt	Atal a thrin
Colera (bacteria Gram-negatif)	Dŵr halogedig ar fwyd neu drosglwyddo ymgarthol-geneuol	Coluddyn bach; cynhyrchu dolur rhydd dyfrllyd sy'n arwain at ddadhydradu difrifol	Gwasanaethau gofal iechyd priodol/brechlyn/gwrthfiotigau; hylif ac electrolytau
Twbercwlosis (bacteria)	Trosglwyddo defnynnau yn yr aer	Ysgyfaint a nodau lymff y gwddf; mae'r symptomau'n cynnwys pesychu gwaed a phoen yn y frest	Brechu plant â BCG i atal y clefyd; gwrthfiotigau fel triniaeth
Y frech wen, *Variola major* (firws)	Trosglwyddo mewn defnynnau ac yn hylifau'r corff	Croen, yna llawer o organau	Brechu – mae wedi'i ddileu erbyn hyn oherwydd y gyfradd isel o amrywiad antigenig a mwtaniadau sydd ganddo, a natur imiwnogenaidd iawn yr antigenau sydd ynddo; doedd ganddo ddim cronfa anifeiliol chwaith
Ffliw – tri phrif is-grŵp, a llawer o wahanol fathau antigenig ym mhob is-grŵp (firws)	Trosglwyddo mewn defnynnau, ar arwynebau halogedig	Rhan uchaf y llwybr resbiradu; mae'n achosi dolur gwddf, peswch a thwymyn	Cwarantin a hylendid; rydyn ni hefyd yn defnyddio cyffuriau gwrthfirol a brechu, ond mae nifer y gwahanol fathau newydd o'r firws yn cyfyngu ar effaith y brechiad
Malaria (protoctista)	Brathiadau mosgitos benywol sy'n cludo *Plasmodium*	Mynd i gelloedd yr iau/afu ac yna'n lluosogi yng nghelloedd coch y gwaed, sydd yna'n byrstio; mae hyn yn rhyddhau mwy o'r parasitiaid, sy'n achosi pyliau difrifol o dwymyn	I atal trosglwyddiad: + defnyddio rhwydi/dillad/ymlidydd pryfed + lladd larfau'r mosgito mewn dŵr drwy gyflwyno pysgod, draenio safleoedd bridio neu chwistrellu olew ar arwyneb y dŵr + lladd mosgitos llawn dwf â phryfleiddiaid neu heintiau bacteriol, neu leihau eu niferoedd drwy eu diffrwythloni nhw Mae cyffuriau yn lleihau'r siawns o heintiad; mae cyffuriau yn effeithio ar *Plasmodium* pan mae y tu allan i'r celloedd yn y gwaed, ond dydy'r rhain ddim yn hollol effeithiol ac maen nhw'n achosi sgil effeithiau; mae ymwrthedd yn broblem sy'n cynyddu Mae effeithiolrwydd brechlynnau yn gyfyngedig

Gweithgaredd adolygu

Gwnewch gopi mawr o'r tabl uchod. Torrwch bob blwch allan a'u cymysgu nhw. Parwch bob nodwedd â'r clefyd priodol. Nodwch unrhyw gamgymeriadau rydych chi'n eu gwneud, adolygwch nhw ac yna ailadroddwch y gweithgaredd.

Mae pathogenedd firysau yn dibynnu ar sut maen nhw'n achosi clefydau

ADOLYGU

Mae firysau'n achosi clefydau mewn nifer o ffyrdd, sy'n adlewyrchu eu pathogenedd:

+ Lysis celloedd – gronynnau firws yn dianc o gelloedd i heintio celloedd ac organebau eraill (gollwng).
+ Cynhyrchu sylweddau gwenwynig.
+ Trawsffurfio celloedd – mae'r firws yn sbarduno celloedd i droi'n ganseraidd.
+ Atal y system imiwnedd (e.e. HIV).

> **Pathogenedd** Gallu microb i achosi clefyd.

101

Pan mae firysau'n heintio celloedd, maen nhw'n mynd drwy ddwy wahanol gylchred:

➕ Cylchred lysogenig – mae DNA y firws yn dyblygu pan gaiff DNA y gell ei ddyblygu.

➕ Cylchred lytig – mae DNA y firws yn cael ei ddefnyddio i godio ar gyfer cynhyrchu gronynnau firws newydd, gan ddefnyddio metabolaeth y gell. Mae'r gell yna'n lysu, gan ryddhau'r gronynnau firws hyn o gwmpas y corff.

Mae gwrthfiotigau'n lladd bacteria neu'n atal eu twf

Mae gwrthfiotigau'n gallu bod yn facteriostatig neu'n facterioleiddiol.

Mae cellfuriau bacteria yn cynnwys peptidoglycan – moleciwlau polysacarid wedi'u trawsgysylltu â chadwynau ochr asid amino. Mae'r trawsgysylltu hwn yn rhoi cryfder ac mae'r mur yn amddiffyn rhag lysis osmotig (byrstio).

Mae'r haen lipopolysacarid sydd o gwmpas cellfuriau bacteria Gram-negatif yn amddiffyn y bacteria rhag gweithredoedd rhai cyfryngau gwrthfacteria, fel lysosym a phenisilin.

> **Cysylltiadau**
>
> Rydyn ni'n defnyddio staen Gram i wahaniaethu rhwng bacteria Gram-positif a bacteria Gram-negatif. Mae bacteria Gram-positif yn staenio'n borffor ac mae bacteria Gram-negatif yn staenio'n goch.

Bacteriostatig Gwrthfiotig sy'n atal bacteria rhag lluosogi; dydy'r haint ddim yn lledaenu ac mae system imiwnedd yr organeb letyol yn lladd y bacteria.

Bacterioleiddiol Gwrthfiotig sy'n lladd bacteria yn uniongyrchol.

Mae penisilin a thetraseiclin yn enghreifftiau o wrthfiotigau

Mae penisilin yn atalydd anghildroadwy i'r ensym trawspeptidas, sy'n catalyddu'r broses o ffurfio'r trawsgysylltiadau rhwng yr haenau peptidoglycan yng nghellfur y bacteria. Mae'r ataliad hwn yn gwanhau'r cellfur ac yna dydy hi ddim yn gallu gwrthsefyll newidiadau osmotig. Yna, mae'r gell yn lysu. Mae hyn yn effeithio ar facteria Gram-negatif hefyd, ond dydyn nhw ddim yn colli eu cellfuriau'n llwyr oherwydd eu cyfansoddiad gwahanol. Gwrthfiotig sbectrwm cul yw pensilin, felly mae'n effeithiol yn erbyn amrywiaeth gul o facteria pathogenaidd.

Mae tetraseiclin yn gweithredu fel atalydd cystadleuol i'r ail safle rhwymo gwrthgodon ar ribosomau bacteriol. Mae hyn yn atal moleciwl tRNA rhag rhwymo wrth ei godon cyflenwol, ac felly'n atal cadwynau polypeptid rhag ffurfio. Gwrthfiotig sbectrwm llydan yw tetraseiclin, felly mae'n effeithiol yn erbyn amrywiaeth eang o facteria pathogenaidd.

Dydy gwrthfiotigau ddim yn effeithio ar firysau, oherwydd eu diffyg llwybrau metabolaidd.

Gwrthfiotig sbectrwm cul Gwrthfiotig sy'n gweithio yn erbyn amrywiaeth gul o facteria pathogenaidd.

Gwrthfiotig sbectrwm llydan Gwrthfiotig sy'n effeithiol yn erbyn llawer o wahanol facteria pathogenaidd.

Mae nifer y bacteria pathogenaidd ag ymwrthedd i wrthfiotigau yn cynyddu

ADOLYGU ⬤

Mae bacteria'n rhannu'n gyflym mewn amodau optimwm ac mae ganddyn nhw gyfradd mwtaniadau uchel. Mae defnyddio llawer o wrthfiotigau mewn meddygaeth ddynol ac mewn amaethyddiaeth wedi creu pwysau dethol. Pan gaiff gwrthfiotigau eu defnyddio felly, mae hyn yn golygu bod mantais ddetholus fawr gan facteria sy'n mwtanu i allu gwrthsefyll gwrthfiotigau. Mae MRSA yn enghraifft o facteriwm sydd ag ymwrthedd i lawer o fathau o wrthfiotigau.

Gallwch chi wirio eich atebion yma: **www.hoddereducation.co.uk/fynodiadauadolygu**

1 Sut mae colera yn cael ei drosglwyddo?

2 Beth sy'n achosi i facteria ag ymwrthedd i wrthfiotigau fynd yn fwy cyffredin?

3 Pa fath o organeb sy'n achosi malaria?

4 Beth yw clefyd endemig?

Mae gan y corff ddulliau amhenodol o leihau haint

Mae pathogenau'n wynebu amrywiaeth o amddiffyniadau sy'n gallu lleihau eu gallu i achosi haint (Tabl 14.3).

Tabl 14.3 Amddiffyniadau amhenodol rhag haint

Amddiffyniad	Mecanwaith
Fflora naturiol y croen	Atal bacteria pathogenaidd rhag cytrefu arwyneb y croen drwy gystadlu'n well na nhw
Croen a meinwe gyswllt	Rhwystr gwydn, ffisegol
Ffagocytosis	Ffagocytau yn amlyncu pathogenau ac yn eu dinistrio nhw
Tolchennu	Platennau a ffactorau tolchennu yn achosi i waed dolchennu mewn pibellau gwaed sydd wedi'u difrodi i atal gwaedu ac atal pathogenau rhag mynd i mewn i'r clwyf
Lysosym	Ensym sy'n lladd bacteria ac sydd i'w gael mewn dagrau, poer a mwcws, gan gynnwys y mwcws gastrig
Epitheliwm ciliedig	Pilenni mwcaidd sy'n dal microbau mewn aer sy'n cael ei fewnanadlu
Llid lleoledig	Mae ffagocytau'n symud i fan sydd wedi'i heintio i ddinistrio pathogenau a chelloedd sydd wedi'u difrodi

Gweithredoedd lymffocytau sy'n achosi'r ymateb imiwn penodol

Mae dau brif fath o lymffocyt

ADOLYGU

+ Mae lymffocytau B (celloedd B) yn cael eu cynhyrchu o fôn-gelloedd ym mêr yr esgyrn cyn aeddfedu yn y ddueg a'r nodau lymff.
+ Mae lymffocytau T (celloedd T) hefyd yn cael eu cynhyrchu o fôn-gelloedd ym mêr yr esgyrn ac yn cael eu hactifadu yn y chwarren thymws.

> **Lymffocyt** Agranwlocyt, cell wen y gwaed sy'n cael ei chynhyrchu o fôn-gelloedd sy'n ffurfio rhan o'r ymateb imiwn.

Mae gan gelloedd B a T dderbynyddion antigenau sy'n gyflenwol i antigenau anhunanaidd (antigenau sydd ddim i'w cael ar gelloedd y corff ei hun). Mae gan bob cell B a T un math o dderbynnydd sy'n benodol i un antigen.

Mae'r ymateb imiwn yn cynhyrchu gwrthgyrff. Proteinau siâp-Y (globwlinau) yw'r rhain â phedair cadwyn polypeptid a dau safle rhwymo (Ffigur 14.1). Mae gwrthgyrff yn rhwymo wrth antigen penodol i ffurfio cymhlygyn antigen–gwrthgorff, sy'n gwneud yr antigen yn anactif (e.e. drwy gyfludo), ac yn galluogi ffagocytau i'w amlyncu'n gynt.

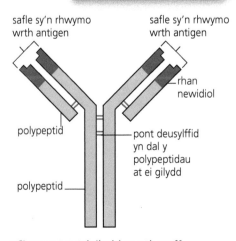

Ffigur 14.1 Adeiledd gwrthgorff

Celloedd B sy'n gwneud yr ymateb hylifol

ADOLYGU

- ✚ Mae pathogen ag antigenau anhunanaidd yn mynd i mewn i'r corff.
- ✚ Mae'r pathogen yn dod i gysylltiad â chell B â derbynyddion sy'n gyflenwol i'r antigenau ar arwyneb y pathogen.
- ✚ Mae hyn yn ysgogi'r gell B, sy'n rhannu'n gyflym iawn i ffurfio clonau o gelloedd plasma (ehangiad clonaidd) a chelloedd cof.
- ✚ Mae'r celloedd plasma'n cynhyrchu niferoedd mawr o wrthgyrff sy'n benodol i antigen y pathogen.
- ✚ Mae'r gwrthgyrff yn dinistrio'r pathogen. Mae'r celloedd cof yn aros yn y gwaed (Ffigur 14.2).

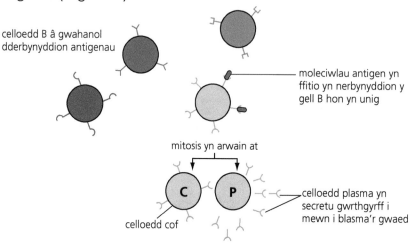

Ffigur 14.2 Yr ymateb imiwn cynradd

Celloedd T sy'n rheoli'r ymateb cell-gyfryngol

ADOLYGU

- ✚ Mae pathogen ag antigenau anhunanaidd yn mynd i mewn i'r corff.
- ✚ Mae'r pathogen yn dod i gysylltiad â chell B â derbynyddion sy'n gyflenwol i'r antigenau ar arwyneb y pathogen. Mae macroffagau amhenodol hefyd yn amlyncu'r pathogen.
- ✚ Mae'r gell B yn arddangos darnau o'r antigen ar ei philen arwyneb cell. Mae'r macroffagau amhenodol hefyd yn arddangos darnau o'r antigenau o'r pathogenau maen nhw wedi'u hamlyncu. Mae'r rhain nawr yn gelloedd sy'n cyflwyno antigenau.
- ✚ Mae'r celloedd sy'n cyflwyno antigenau yn dod i gysylltiad â chell T â derbynnydd antigenau sy'n gyflenwol i antigen y pathogen (Ffigur 14.3).

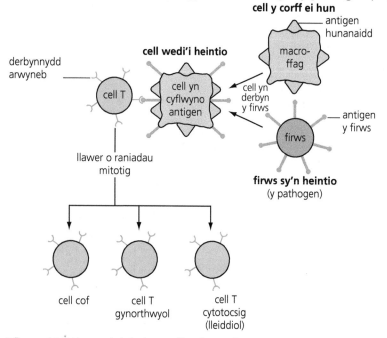

Ffigur 14.3 Yr ymateb imiwn cell-gyfryngol

Gallwch chi wirio eich atebion yma: **www.hoddereducation.co.uk/fynodiadauadolygu**

+ Mae'r gell T yn cael ei hactifadu ac yn ehangu'n glonaidd i ffurfio:
  + celloedd T lleiddiol – mae'r rhain yn rhwymo wrth antigenau targed ac yn eu dinistrio nhw, gan gynnwys pathogenau, celloedd sydd wedi'u heintio â firysau a chelloedd canser
  + celloedd T cynorthwyol – mae'r rhain yn secretu cytocinau, sy'n ysgogi celloedd B a macroffagau
  + celloedd cof – mae'r rhain yn aros yn y corff ac yn achosi'r ymateb eilaidd

Os yw'r un pathogen yn dod i mewn i'r corff eto, mae'r ymateb imiwn eilaidd yn digwydd

ADOLYGU

Diolch i gelloedd cof B a T, os yw heintiad arall yn digwydd â phathogen â'r un antigen, bydd yr ymateb imiwn eilaidd yn llawer cyflymach ac yn cynhyrchu crynodiadau uwch o wrthgyrff.

Gan fod lefelau gwrthgyrff mor uchel, ac yn aros yn uchel am gyfnod hirach nag yn yr ymatebion imiwn cynradd gwreiddiol, caiff y pathogen ei ddinistrio a does dim symptomau'n datblygu.

Mae imiwnedd yn gallu bod yn weithredol neu'n oddefol ac yn artiffisial neu'n naturiol

ADOLYGU

Mae imiwnedd gweithredol yn para'n hir oherwydd bod celloedd cof yn bresennol drwy gydol bywyd rhywun. Dydy imiwnedd goddefol ddim yn para'n hir oherwydd does dim celloedd cof yn cael eu cynhyrchu, ac yn y pen draw caiff y gwrthgyrff estron eu dinistrio gan system imiwnedd yr organeb letyol.

Mae Tabl 14.4 yn amlinellu'r gwahanol fathau o imiwnedd.

Tabl 14.4 Mathau o imiwnedd

	Imiwnedd artiffisial	Imiwnedd naturiol	Enghraifft
Imiwnedd gweithredol	Brechu	Heintiad ac yna'r ymateb cynradd	*Rwbela*
Imiwnedd goddefol	Chwistrellu gwrthgyrff estron	Y fam yn trosglwyddo ei gwrthgyrff i'r ffoetws drwy'r brych a llaeth	Tetanws

Cysylltiadau

Mae gwrthgyrff yn croesi o waed y fam i waed y ffoetws yn y brych. Yna, maen nhw'n cael eu cludo i'r ffoetws yng ngwaed y ffoetws sy'n llifo drwy'r wythïen wmbilig.

Mae brechlynnau'n sbarduno'r ymateb imiwn cynradd

ADOLYGU

Mae brechlynnau'n defnyddio antigenau i sbarduno'r ymateb imiwn cynradd heb achosi haint eu hunain. Mae'r brechiad yn achosi ymateb cynradd sy'n creu celloedd cof, ac felly bydd yr ymateb imiwn eilaidd yn digwydd os aiff y pathogen ei hun i'r corff, gan atal unrhyw symptomau rhag datblygu.

Gallwn ni hefyd chwistrellu gwrthgyrff i mewn i glaf i'w amddiffyn yn gyflym rhag pathogen, er enghraifft y gynddaredd. Mae hyn yn rhoi amser i system imiwnedd y claf i ddatblygu ymateb imiwn gweithredol. Gallwn ni hefyd roi pigiadau o wrthgyrff i gleifion sydd ddim yn datblygu ymateb imiwnedd cryf i frechiad neu os yw eu system imiwnedd yn wan.

Mae effeithiolrwydd rhaglenni imiwneiddio yn dibynnu ar y clefyd

ADOLYGU

Gallwn ni amddiffyn rhag pathogenau ag ychydig iawn neu ddim amrywiad antigenig neu fwtaniadau (e.e. y frech wen neu *Rubella*) ag un imiwneiddiad.

Mae'n llai tebygol y bydd un brechiad yn ein hamddiffyn ni rhag pathogenau â llawer o amrywiad antigenig a chyfraddau mwtanu uchel. Mae brechlynnau ffliw yn llai effeithiol oherwydd bod gan y firws ffliw lawer o fathau antigenig a'i fod yn mwtanu'n aml. Mae'r brechlyn ffliw yn frechlyn blynyddol (mae angen ei roi bob blwyddyn) ac mae'n cynnwys antigenau ar gyfer tair neu bedair o'r rhywogaethau ffliw sydd wedi bod yn gyffredin yn ystod y flwyddyn.

Rhaid i'r antigenau sy'n cael eu defnyddio mewn brechlyn fod yn imiwnogenaidd iawn ac ysgogi ymateb imiwn amddiffynnol sy'n benodol i'r pathogen neu'r antigen. Mae gwahanol fathau o frechiadau a gwahanol raglenni brechu yn cynyddu'r siawns o ddatblygu imiwnedd sy'n ein hamddiffyn ni ac yn para'n hir.

Mae angen ystyried llawer o faterion moesegol wrth gynllunio rhaglenni brechu:
+ sgil effeithiau posibl y brechlyn
+ effeithiolrwydd y brechlyn
+ y risg sy'n cael ei beri gan y clefyd rydyn ni'n brechu yn ei erbyn
+ cost y rhaglen frechu
+ pryderon crefyddol
+ rhyddid sifil

Profi eich hun

PROFI

5 Sut mae'r ymateb eilaidd yn wahanol i'r ymateb cynradd?

6 Pam mae chwistrellu gwrthgyrff yn enghraifft o imiwnedd goddefol?

7 Beth mae celloedd plasma yn ei gynhyrchu?

8 Sut mae macroffagau'n gallu sbarduno'r ymateb cell-gyfryngol?

Crynodeb

Dylech chi allu:
+ Disgrifio nodweddion allweddol colera, twbercwlosis, y frech wen, ffliw a malaria.
+ Esbonio sut mae firysau'n achosi clefydau.
+ Esbonio sut gallwn ni ddefnyddio gwrthfiotigau, gan gynnwys penisilin a thetraseiclin, i reoli heintiau, a goblygiadau gorddefnyddio gwrthfiotigau.

+ Disgrifio'r rhwystrau naturiol yn y corff sy'n atal haint.
+ Disgrifio'r ymatebion imiwn penodol hylifol a chell-gyfryngol.
+ Gwahaniaethu rhwng imiwnedd gweithredol a goddefol.
+ Esbonio sut gall rhaglenni imiwneiddio amddiffyn rhag gwahanol glefydau, a'r ystyriaethau moesegol cysylltiedig.

Cwestiynau enghreifftiol

1 Mae dau fath newydd o wrthfiotig yn cael eu profi. Mae canlyniadau'r profion i'w gweld isod.

Gwrthfiotig	Arsylw
A	Celloedd bacteria yn stopio atgynhyrchu
B	Celloedd bacteria yn lysu

a Nodwch pa fath o wrthfiotig yw A a B. [2]

b Esboniwch y canlyniadau y mae gwrthfiotig B yn eu cynhyrchu. [3]

c Mae dadansoddiad pellach yn awgrymu bod gwrthfiotig A yn atal trawsgrifiad. Defnyddiwch y wybodaeth hon i esbonio'r canlyniad y mae gwrthfiotig A yn ei gynhyrchu. [3]

Gallwch chi wirio eich atebion yma: **www.hoddereducation.co.uk/fynodiadauadolygu**

15 Opsiwn B: Anatomi cyhyrsgerbydol dynol

Mae cartilag ac asgwrn yn feinweoedd cyswllt arbenigol

Mae cartilag yn galed, yn hyblyg, yn gywasgadwy ac yn elastig

ADOLYGU

Mae cartilag i'w gael mewn cymalau ac mewn llawer o rannau eraill o'r corff. Mae wedi'i wneud o gelloedd condrocyt sydd wedi'u mewnblannu mewn matrics. Does dim pibellau gwaed mewn cartilag, felly mae maetholion ac ocsigen yn tryledu drwy'r matrics i gyrraedd y celloedd.

> **Celloedd condrocyt** Celloedd sy'n cynhyrchu matrics cartilag.

Mae tri gwahanol fath o gartilag:

+ Mae gan gartilag hyalin adeiledd syml heb ddim nerfau na phibellau gwaed, ac mae'n cynnwys llawer o golagen. Mae cartilag hyalin i'w gael ar bennau esgyrn, yn y trwyn ac yn y tracea.
+ Mae cartilag melyn elastig yn cynnwys ffibrau melyn elastig, sy'n ei wneud yn hyblyg iawn. Mae cartilag melyn elastig i'w gael yn y glust allanol a'r epiglotis.
+ Mae cartilag gwyn ffibrog yn cynnwys meinwe gartilagaidd gyda cholagen a meinwe gwyn ffibrog. Mae ganddo gryfder tynnol llawer uwch na chartilag hyalin, ac mae i'w gael yn y disgiau rhwng fertebrâu.

Mae asgwrn cywasg yn fatrics o ddefnydd organig ac anorganig

ADOLYGU

Mae 30% o asgwrn cywasg yn ddefnydd organig, yn bennaf y protein colagen wedi'i ffurfio mewn edafedd ffibrog. Y colagen sy'n rhoi cryfder tynnol i'r esgyrn, ac mae'r ffibrau colagen yn gorgyffwrdd i atal diriant croesrym, sy'n gwrthsefyll torasgwrn.

Mae'r 70% arall o asgwrn cywasg yn gydran anorganig – hydrocsi-apatit yn bennaf, sy'n cynnwys calsiwm a ffosffad. Mae'r defnydd hwn yn helpu i atal cywasgu.

Mae osteoblastau yn gelloedd cysylltiedig sy'n gosod cydran anorganig asgwrn ym matrics yr asgwrn cywasg.

> **Osteoblast** Cell sy'n syntheseiddio asgwrn.
>
> **Osteoclast** Cell asgwrn sy'n torri meinwe asgwrn i lawr.

Mae osteoclastau yn torri meinwe asgwrn i lawr, sy'n hanfodol i atgyweirio ac ailfodelu esgyrn.

Ffurfiadau silindrog bach mewn esgyrn yw systemau Havers

ADOLYGU

Mae systemau Havers i'w cael yn esgyrn y rhan fwyaf o famolion ac mewn rhai rhywogaethau adar, ymlusgiaid ac amffibiaid. System Havers yw'r uned weithredol mewn asgwrn cywasg. Mae wedi'i gwneud o haenau o feinwe asgwrn cywasg o gwmpas sianel ganolog (sianel Havers). Sianel Havers sy'n cynnwys cyflenwad gwaed yr asgwrn.

107

Mae yna nifer o wahanol anhwylderau a chlefydau esgyrn

Mae'r llech ac osteomalacia yn anhwylderau esgyrn sy'n cael eu hachosi gan ddiffyg calsiwm neu fitamin D. Mae fitamin D yn fitamin sy'n hydawdd mewn braster ac mae i'w gael mewn bwydydd fel menyn, wyau ac olewau iau/afu pysgod; mae hefyd yn gallu cael ei syntheseiddio yn y croen os yw golau uwchfioled yn gweithredu ar ragsylweddyn yn y croen. Mae ei angen i amsugno calsiwm o'r coludd. Mae'r diffyg calsiwm neu fitamin D yn achosi diffygion wrth fwyneiddio esgyrn, sy'n arwain at esgyrn meddalach a symptomau fel poen, gwendid cyhyrau a mwy o risg o dorasgwrn.

Mae osteoporosis a chlefyd esgyrn brau yn ddwy enghraifft arall o anhwylderau esgyrn (Tabl 15.1).

Tabl 15.1 Nodweddion osteoporosis a chlefyd esgyrn brau

Anhwylder esgyrn	Achosion	Symptomau	Triniaeth
Osteoporosis	Brig màs asgwrn yn is na'r normal, neu golli mwy o asgwrn nag sy'n normal	Esgyrn gwan sy'n torri'n ddigymell neu dan ddiriant bach Mae poen cronig yn gallu dilyn torasgwrn	Ymarferion dygnwch, atal syrthio a chymryd bisffosffonadau
Clefyd esgyrn brau (osteogenesis imperfecta – gweler t. 112)	Mwtaniad genyn yn arwain at anallu i gynhyrchu colagen, gan arwain at feinwe gyswllt ddiffygiol	Esgyrn sy'n frau ac yn tueddu i dorri	Cryfhau esgyrn â llawdriniaeth i fewnosod rhodenni metel, ffisiotherapi a defnyddio bisffosffonadau i gynyddu dwysedd mwynau yn yr esgyrn

Cyhyr sgerbydol sy'n symud y cymalau

Mae cyhyr wedi'i wneud o ffibrau cyhyrol

ADOLYGU

Mae ffibrau cyhyrol yn cynnwys llawer o fyoffibrolion (Ffigur 15.1), sef y ffurfiadau sy'n newid hyd o fewn y cyhyr, gan achosi iddo gyfangu.

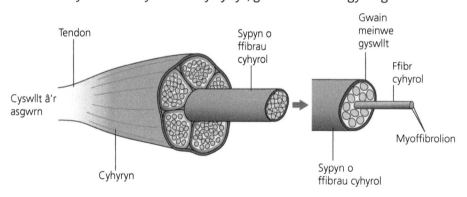

Ffigur 15.1 Adeiledd cyhyr sgerbydol

Mae myoffibrolion yn cynnwys ffilamentau trwchus (wedi'u gwneud o fyosin) a ffilamentau tenau (wedi'u gwneud o ffibrau actin â thropomyosin wedi'i lapio o'u cwmpas nhw a throponin ar hyd pob ffibr). Mae'r ffilamentau trwchus a thenau'n gorgyffwrdd ar bwyntiau penodol, gan gynhyrchu band tywyll. Mae trefniad y ffilamentau trwchus a thenau'n ailadrodd yn rheolaidd ar hyd y myoffibrolyn. Enw'r uned sy'n ailadrodd yw sarcomer (Ffigur 15.2).

> **Myoffibrolion** Ffilamentau hir sy'n gwneud ffibrau cyhyrol.
>
> **Sarcomer** Uned o ffilamentau trwchus a thenau sy'n ailadrodd mewn myoffibrolyn.

Gallwch chi wirio eich atebion yma: **www.hoddereducation.co.uk/fynodiadauadolygu**

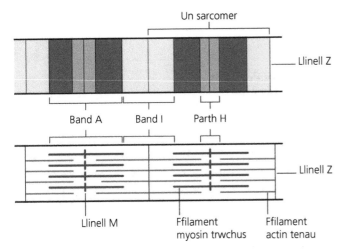

Ffigur 15.2 Y sarcomer

Mae'r ddamcaniaeth ffilament llithr yn esbonio sut mae cyhyrau'n symud

ADOLYGU

+ Mae impwls nerfol yn cyrraedd y ffibr cyhyrol.
+ Mae ïonau calsiwm (Ca^{2+}) yn mynd i mewn i'r myoffibrolyn o'r reticwlwm sarcoplasmig.
+ Mae'r ïonau calsiwm yn rhwymo wrth y troponin ar yr actin, gan newid ei siâp.
+ Mae hyn yn achosi i'r tropomyosin adael y safleoedd rhwymo myosin yn yr actin.
+ Mae'r pennau myosin (pennau'r ffilament trwchus) yn rhwymo wrth y safleoedd rhwymo myosin sy'n rhydd, gan ffurfio trawsbont.
+ Mae'r myosin yn rhyddhau ADP a Pi ac yn plygu, gan dynnu ar yr actin. Mae hyn yn symud yr actin tuag at ganol y sarcomer (y strôc bŵer).
+ Mae ATP yn rhwymo wrth y pen myosin, gan ei ryddhau o'r actin.
+ Yna, mae ATPas yn y pen myosin yn hydrolysu'r ATP i ffurfio ADP a Pi. Mae hyn yn estyn y pen i safle sy'n agos at y safle rhwymo myosin nesaf ar yr actin.
+ Mae'r broses hon yn digwydd lawer o weithiau, gan dynnu'r ffilamentau tenau tuag at ganol y sarcomer, sy'n ei wneud yn fyrrach. Mae'r broses yn parhau nes bod yr ïonau Ca^{2+} yn cael eu pwmpio'n ôl i'r reticwlwm sarcoplasmig.

Effaith gronnus gwneud y sarcomerau i gyd yn fyrrach yw bod y cyhyryn cyfan yn cyfangu (Ffigur 15.3).

Gweithgaredd adolygu

Crëwch siart llif i grynhoi'r ddamcaniaeth ffilament llithr. Ar ôl ei gwblhau, treuliwch funud yn ei ddysgu, yna gorchuddiwch ef a cheisio ei ysgrifennu eto. Cywirwch unrhyw gamgymeriadau yn eich ateb ac yna ailadroddwch y broses nes eich bod chi'n gallu ei ysgrifennu heb ddim camgymeriadau.

Cysylltiadau

Mae ATPas yn hydrolysu'r bond ffosffad terfynol mewn ATP, gan gynhyrchu ADP a Pi a rhyddhau $30.6\,kJ\,mol^{-1}$.

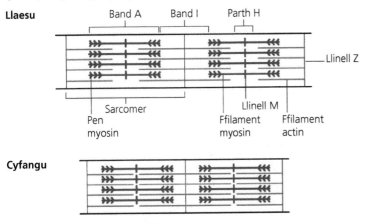

Ffigur 15.3 Y sarcomer yn llaesu ac yn cyfangu

Yn ystod cyfangiad cyhyr, glycogen sydd wedi'i storio yn y cyhyrau a phrotein yw'r prif ffynonellau egni ar gyfer cynhyrchu ATP.

Gallwn ni ddosbarthu ffibrau cyhyrol fel rhai twitsio cyflym neu dwitsio araf

ADOLYGU

Mae rhedwyr marathon yn defnyddio ffibrau twitsio araf yn bennaf, ac mae gwibwyr yn defnyddio ffibrau twitsio cyflym. Mae Tabl 15.2 yn crynhoi'r gwahaniaethau rhwng y mathau o ffibrau.

Tabl 15.2 Ffibrau twitsio araf a thwitsio cyflym

Nodwedd	Twitsio araf	Twitsio cyflym
Cyfangu	Tanio'n araf a chyfangu am amser hirach	Tanio'n gyflym a chyfangu am amser byrrach, gan gynhyrchu pyliau byr o gryfder neu gyflymder
Ffynhonnell yr ATP	O resbiradaeth aerobig yn bennaf	O resbiradaeth anaerobig yn bennaf
Nifer y capilarïau gwaed	Rhwydwaith dwys	Llai o gapilarïau gwaed
Myoglobin	Mwy o fyoglobin	Llai o fyoglobin
Mitocondria	Llawer o fitocondria mawr, yn agosach at arwyneb ffibrau	Llai o fitocondria, llai eu maint
Tueddiad i flino	Gwrthsefyll blino	Blino'n gyflym
Gallu i wrthsefyll asid lactig	Isel	Uchel

Mae cyhyrau'n gallu resbiradu'n anaerobig am gyfnodau byr

ADOLYGU

Pan mae cyhyrau'n resbiradu'n anaerobig, mae cynnyrch ATP yn lleihau'n ddramatig ac mae asid lactig yn gallu cronni yn y cyhyrau. Asid lactig sy'n achosi lludded cyhyrol a chramp.

> **Cysylltiadau**
>
> Mae resbiradaeth anaerobig yn digwydd os nad oes ocsigen ar gael i fod yn dderbynnydd electronau terfynol yn y gadwyn trosglwyddo electronau.

Asid lactig Un o gynhyrchion resbiradaeth anaerobig mewn celloedd anifeiliaid.

Creatin ffosffad Moleciwl sy'n cael ei ddefnyddio i storio ffosffad yn y cyhyrau.

Mewn amodau aerobig rydyn ni'n cynhyrchu creatin ffosffad (PCr) fel storfa ffosffad. Yna mae'n bosibl defnyddio hwn mewn ffibrau cyhyrol i drawsnewid ADP yn ATP yn gyflym mewn amodau anaerobig. Mae'r broses hefyd yn cynhyrchu creatin:

$$ADP + PCr \rightarrow ATP + Cr$$

Dydy'r broses hon ddim yn cynhyrchu asid lactig, felly dydy hi ddim yn arwain at ludded cyhyrol. Mae'r storfeydd creatin ffosffad yn y cyhyr yn gyfyngedig iawn, ac yn dod i ben ar ôl cael eu defnyddio am rai eiliadau; mae hyn yn golygu mai dim ond pwl byr o weithgaredd sy'n bosibl cyn i glycolysis gynhyrchu ATP ac asid lactig mewn resbiradaeth anaerobig.

Mae glycogen yn cael ei storio mewn cyhyrau, a dyma'r brif ffynhonnell egni

ADOLYGU

Mae athletwyr yn gallu cynyddu'r storfeydd glycogen yn eu cyhyrau drwy 'lwytho carbohydrad'. Mae'r cyhyrau hefyd yn defnyddio protein fel ffynhonnell egni i gyfangu cyn defnyddio braster.

> **Cysylltiadau**
>
> Mae glycogen yn bolysacarid storio sydd wedi'i wneud o fonomerau alffa glwcos. Mae'n ganghennog iawn, felly mae'n cynnwys bondiau glycosidaidd 1–4 ac 1–6.

Gallwch chi wirio eich atebion yma: **www.hoddereducation.co.uk/fynodiadauadolygu**

1   Beth yw swyddogaeth creatin ffosffad?

2   Beth yw symptomau osteoporosis?

3   Beth yw swyddogaeth ïonau calsiwm o ran cyfangiadau cyhyrau?

4   Beth yw'r tri gwahanol fath o gartilag?

Mae gan y sgerbwd lawer o swyddogaethau

Mae swyddogaethau'r sgerbwd yn cynnwys:

+ cynnal
+ cydio mewn cyhyrau
+ amddiffyn
+ cynhyrchu celloedd coch y gwaed
+ gweithredu fel storfa calsiwm

Mae'r sgerbwd yn cynnwys y sgerbwd atodol a'r sgerbwd echelinol

ADOLYGU

Mae Ffigur 15.4 yn dangos adeileddau'r sgerbwd atodol a'r sgerbwd echelinol.

> **Sgerbwd atodol** Yr esgyrn yn y breichiau a'r coesau a'r rhai sy'n eu cynnal nhw, fel yr ysgwyddau a'r pelfis.
>
> **Sgerbwd echelinol** Esgyrn y pen a'r bongorff (e.e. fertebrâu).

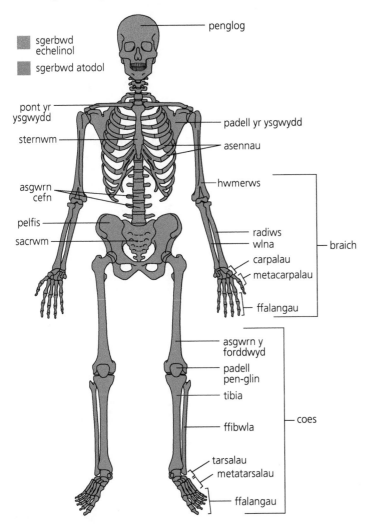

Ffigur 15.4 Y sgerbwd

Torasgwrn yw pan mae asgwrn yn torri

ADOLYGU

Mae esgyrn yn gallu torri oherwydd trawiad nerthol, gormodedd o ddiriant neu glefydau sy'n gwanhau esgyrn, fel osteoporosis, canser yr esgyrn neu osteogenesis imperfecta. Mae gwahanol fathau o dorasgwrn:

+ Torasgwrn â dadleoliad – mae'r asgwrn yn torri'n ddau ddarn ac yn symud fel nad yw'r ddau ben yn wynebu ei gilydd.
+ Torasgwrn heb ddadleoliad – mae'r asgwrn yn cracio, yn rhannol neu yr holl ffordd drwodd. Dydy'r asgwrn ddim yn symud ac mae'n aros yn ei le.
+ Torasgwrn maluriedig – mae'r asgwrn yn torri'n llawer o ddarnau.
+ Torasgwrn syml – torasgwrn sydd ddim yn niweidio'r meinweoedd na'r organau o'i gwmpas, gan gynnwys y croen.
+ Torasgwrn agored – torasgwrn lle mae'r asgwrn yn torri drwy'r croen.

> **Osteogenesis imperfecta**
> Clefyd esgyrn brau – cyflwr sy'n golygu bod esgyrn yn torri'n hawdd.

Rydyn ni'n trin toresgyrn drwy roi'r asgwrn yn ôl yn ei le a'i atal rhag symud gan ddefnyddio sblint neu gast i adael i'r asgwrn wella

Mae osteoblastau yn cynhyrchu meinwe esgyrnog newydd i gynnal yr asgwrn sydd wedi torri, er mwyn i osteoclastau allu ailfodelu'r asgwrn.

Gallwn ni ddefnyddio llawdriniaeth i fewnosod sgriwiau neu blatiau metel i gynnal yr esgyrn wrth iddyn nhw wella. Mae hyn yn gallu cyflymu'r broses o wella. Mae hyn yn bwysig mewn achosion lle mae diffyg symudedd yn ystod y broses wella yn gallu arwain at gymhlethdodau fel doluriau gwasgu, thrombosis gwythiennau dwfn ac emboledd ysgyfeiniol (e.e. torasgwrn clun).

Mae'r asgwrn cefn yn cynnal y corff ac yn amddiffyn madruddyn y cefn

ADOLYGU

Mae'r asgwrn cefn wedi'i wneud o fertebrâu unigol (Ffigur 15.5).

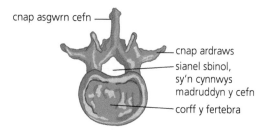

cnap asgwrn cefn

cnap ardraws

sianel sbinol, sy'n cynnwys madruddyn y cefn

corff y fertebra

Ffigur 15.5 Adeiledd fertebra

Mae tri gwahanol fath o fertebra:

+ Fertebrâu gyddfol – y saith fertebra bach sydd yn union o dan y penglog. Mae gan y rhain dwll (fforamen) ym mhob cnap ardraws, sy'n cynnwys y rhydweli fertebrol.
+ Fertebrâu thorasig – y 12 fertebra yn y canol rhwng yr adrannau gyddfol a meingefnol. Mae'r rhain yn fwy na'r fertebrâu gyddfol ac mae eu maint yn cynyddu wrth fynd i lawr tuag at y fertebrâu meingefnol. Mae ganddyn nhw ffasedau ar ochrau eu cyrff a chnapiau ardraws i gymalu â'r asennau.
+ Fertebrâu meingefnol – y pum fertebra rhwng y cawell asennau a'r pelfis. Y rhain yw'r fertebrâu mwyaf ac maen nhw'n helpu i gynnal pwysau'r corff ac yn caniatáu symudiad.

Cyflyrau sy'n achosi ymddaliad annormal yw anffurfiadau ymddaliad

ADOLYGU

+ Mae sgoliosis yn anffurfiad ymddaliad lle mae'r asgwrn cefn yn crymu mewn tri dimensiwn, ac yn aml yn edrych fel siâp S neu C wrth edrych arno o'r tu ôl. Mae llawer o bethau'n gallu achosi sgoliosis, gan gynnwys

> **Sgoliosis** Yr asgwrn cefn yn crymu i'r ochr.

Gallwch chi wirio eich atebion yma: **www.hoddereducation.co.uk/fynodiadauadolygu**

mwtaniadau genyn, parlys yr ymennydd, tiwmorau neu broblemau â'r cyhyrau. Mae triniaethau'n cynnwys cyffuriau lleddfu poen, ffisiotherapi, defnyddio bres cefn a llawdriniaeth.

+ Os nad yw'r traed yn ffurfio bwa, mae hyn yn achosi traed fflat-wadn. Gallwn ni drin hyn ag esgidiau arbenigol.
+ Mae diffyg fitamin D neu galsiwm yn gallu achosi coesau cam.

Mae gan fodau dynol bedwar prif fath o gymal

+ Cymal ansymudol (wedi asio) – cymal rhwng dau asgwrn lle does dim symudiad yn gallu digwydd, er enghraifft, y rhai rhwng esgyrn y penglog.
+ Cymal llithro – cymal rhwng esgyrn sy'n cwrdd ar arwynebau gwastad. Mae cymal llithro yn caniatáu i'r esgyrn lithro heibio i'w gilydd i unrhyw gyfeiriad ar hyd plân y cymal, i'r chwith ac i'r dde, i fyny ac i lawr, ac yn lletraws. Mae enghreifftiau o hyn yn yr arddwrn a'r pigyrnau/fferau, a rhwng y fertebrâu.
+ Cymal colfach – mae hwn yn caniatáu i esgyrn symud ar un plân (fel colfach drws), er enghraifft, y pen-glin a'r penelin.
+ Cymal pelen a chrau – mae pen crwn un asgwrn yn ffitio yn 'soced' asgwrn arall. Mae hyn yn rhoi symudiad mewn mwy nag un plân, er enghraifft y glun a'r ysgwydd.

Clefyd dirywiol yw osteoarthritis

ADOLYGU ○

Mae osteoarthritis yn cael ei achosi gan ymddatodiad cartilag cymalog mewn cymal a'r asgwrn oddi tano. Mae'r cartilag yn cael ei dorri i lawr yn gyflymach nag y mae'n cael ei ffurfio oherwydd newidiadau i'r colagen a'r glycoprotein sydd ynddo. Mae plygu cymal yn egnïol dro ar ôl tro yn ystod gweithgarwch corfforol, niwed i gymal a bod dros bwysau yn cynyddu'r risg o ddatblygu osteoarthritis. Does dim cyswllt genynnol, ac nid yw'n glefyd awtoimiwn. Mae triniaethau'n cynnwys defnyddio cyffuriau gwrthlidiol heb fod yn steroidau, fel asbirin, a chymalau newydd mewn achosion difrifol.

> **Clefyd awtoimiwn** Cyflwr sy'n cael ei achosi gan y system imiwnedd yn ymosod ar y corff.

Cyflwr awtoimiwn yw arthritis rhiwmatoid

ADOLYGU ○

Mae arthritis rhiwmatoid yn achosi ymateb llidus mewn cymalau, sy'n arwain at gymalau poenus, anystwyth, chwyddedig sydd ddim yn symud yn dda. Mae'r system imiwnedd yn adnabod proteinau ym meinweoedd y cymal fel rhai anhunanaidd ac yn ymosod arnynt. Mae hyn yn arwain at lid difrifol yn y cymal, a mwy o lif gwaed. Mae ffactorau amgylcheddol sy'n cynyddu'r risg o'r clefyd yn cynnwys tywydd oer a llaith, ysmygu a bwyta llawer o gig coch neu yfed llawer o goffi.

Gallwn ni drin arthritis rhiwmatoid drwy chwistrellu cyffuriau steroid gwrthlidiol i mewn i'r cymal, neu â ffisiotherapi neu lawdriniaeth.

Gallwn ni ddefnyddio llawdriniaeth cymalau newydd i drin problemau â'r cymalau

ADOLYGU ○

Mae manteision llawdriniaeth cymalau newydd yn cynnwys:
+ lleddfu poen hirdymor
+ cymryd llai o gyffuriau i drin y cyflwr
+ mwy o symudedd
+ ailddechrau gwneud gweithgareddau arferol a gwell ansawdd bywyd

Mae'r anfanteision yn cynnwys:
+ risgiau llawfeddygol (e.e. risg uwch o dolchen neu haint)
+ cymryd amser hir i wella

+ mwy o risg o ddadleoliad ar ôl cael clun newydd
+ y posibilrwydd y bydd y cymal newydd yn methu ar ôl 15–20 mlynedd; os bydd rhywun yn cael ail gymal newydd, mae'r risgiau'n cynyddu

Mae cymalau'n gallu gweithredu mewn systemau liferi fel chwyddaduron grym neu bellter

ADOLYGU

Gallwn ni ystyried liferi mewn tair gradd gan ddibynnu ar safleoedd y ffwlcrwm, y llwyth a'r ymdrech:

+ Gradd un – mae ffwlcrwm y lifer hanner ffordd rhwng yr ymdrech a'r llwyth, er enghraifft, cyhyrau'r gwddf yn cydbwyso llwyth y penglog, gan ddefnyddio fertebrâu'r gwddf fel ffwlcrwm.
+ Gradd dau – mae'r llwyth rhwng yr ymdrech a'r ffwlcrwm, er enghraifft, cyhyrau croth y goes yn codi llwyth y corff, gan ddefnyddio bysedd y traed fel ffwlcrwm.
+ Gradd tri – mae'r ymdrech rhwng y ffwlcrwm a'r llwyth, er enghraifft, y cyhyryn deuben yn codi eich llaw, â'r penelin fel ffwlcrwm.

Mae cymalau synofaidd yn cynnwys hylif synofaidd

ADOLYGU

Mae Ffigur 15.6 yn dangos adeiledd cymal synofaidd.

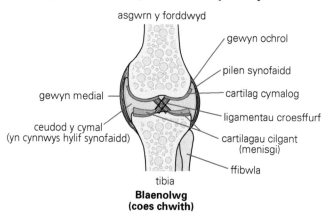

asgwrn y fforddwyd
gewyn ochrol
pilen synofaidd
cartilag cymalog
ligamentau croesffurf
cartilagau cilgant (menisgi)
ffibwla
gewyn medial
ceudod y cymal (yn cynnwys hylif synofaidd)
tibia

Blaenolwg (coes chwith)

Ffigur 15.6 Blaenolwg ar gymal synofaidd (pen-glin chwith)

Prif nodweddion cymal synofaidd yw:

+ cartilag – mae haen o gartilag yn gorchuddio esgyrn cymalau synofaidd; mae'n darparu arwyneb llyfn, llithrig, sy'n lleihau ffrithiant wrth i'r cymal symud, a hefyd yn amsugno sioc
+ pilen synofaidd – secretu hylif synofaidd
+ hylif synofaidd – hylif gludiog sy'n lleihau ffrithiant wrth i'r cymalau symud
+ gewyn – meinwe gyswllt ffibrog sy'n cysylltu esgyrn

> **Cymal synofaidd** Cymal rhwng esgyrn sy'n cynnwys ceudod llawn hylif.
>
> **Hylif synofaidd** Yr hylif sy'n llenwi ceudod cymal synofaidd.

Mae cyhyrau gwrthweithiol yn gweithio mewn parau

Tendonau sy'n cysylltu'r cyhyrau â'r asgwrn

ADOLYGU

Mewn cyhyrau gwrthweithiol, mae un cyhyr yn cyfangu ac mae'r llall yn llaesu. Mae'r cyhyrau deuben a thriphen yn y fraich ddynol yn enghreifftiau. Wrth i'r cyhyryn deuben gyfangu, mae'n tynnu esgyrn yr elin i fyny. Mae'r cyhyryn triphen yn llaesu. Wrth i'r cyhyryn triphen gyfangu, mae'n tynnu'r elin i lawr. Mae'r cyhyryn deuben nawr yn llaesu (Ffigur 15.7).

Gallwch chi wirio eich atebion yma: **www.hoddereducation.co.uk/fynodiadauadolygu**

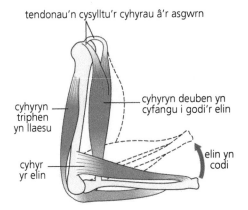

tendonau'n cysylltu'r cyhyrau â'r asgwrn

cyhyryn triphen yn llaesu

cyhyryn deuben yn cyfangu i godi'r elin

cyhyr yr elin

elin yn codi

Ffigur 15.7 Sut mae'r cyhyrau deuben a thriphen yn gweithio

Profi eich hun

PROFI

5 Nodwch ble byddai modd dod o hyd i gymal llithro yn y corff dynol.

6 Beth yw cyhyrau gwrthweithiol?

7 Beth yw'r triniaethau ar gyfer sgoliosis?

8 Beth yw'r tri math o fertebra?

Crynodeb

Dylech chi allu:

+ Disgrifio adeiledd cartilag.
+ Disgrifio adeiledd a swyddogaeth esgyrn, gan gynnwys yr osteoblastau, yr osteoclastau a systemau Havers.
+ Esbonio beth sy'n achosi'r llech, osteomalasia, osteoporosis a chlefyd esgyrn brau, a sut rydyn ni'n eu trin nhw.
+ Disgrifio swyddogaeth, adeiledd ac uwchadeiledd cyhyrau sgerbydol, gan gynnwys y ddamcaniaeth ffilament llithr.
+ Esbonio'r gwahaniaeth rhwng cyhyrau twitsio cyflym a chyhyrau twitsio araf.
+ Esbonio sut mae amodau anaerobig yn effeithio ar y cyhyrau.

+ Disgrifio'r prif ffynonellau egni sy'n galluogi cyhyrau i gyfangu.
+ Disgrifio adeiledd a swyddogaeth y sgerbwd, a'r mathau o dorasgwrn sgerbydol a beth sy'n eu hachosi nhw.
+ Disgrifio adeiledd a swyddogaeth yr asgwrn cefn, gan gynnwys beth sy'n achosi anffurfiadau ymddaliad a sut rydyn ni'n eu trin nhw.
+ Disgrifio'r gwahanol fathau o gymalau dynol, gan gynnwys y cymal synofaidd, a sut mae rhai cymalau'n gweithredu fel liferi.
+ Esbonio beth sy'n achosi osteoarthritis ac arthritis rhiwmatoid, a sut rydyn ni'n eu trin nhw.
+ Esbonio sut mae cyhyrau gwrthweithiol yn gweithio.

Cwestiynau enghreifftiol

1 Mae meddyg yn rhoi diagnosis arthritis rhiwmatoid i glaf.

   a Disgrifiwch symptomau tebygol y claf. [1]

   Mae'r meddyg wedi awgrymu trin y cyflwr drwy chwistrellu cyffuriau i mewn i'r cymal.

   b Esboniwch sut bydd y cyffuriau hyn yn gweithio. [3]

   Gan fod arthritis rhiwmatoid yn gallu datblygu o ganlyniad i ffactorau genynnol, roedd aelodau o deulu'r claf yn awyddus i leihau eu siawns o ddatblygu'r cyflwr.

   c Esboniwch y cyngor y gallai'r meddyg ei roi iddynt ar eu ffordd o fyw. [3]

115

Mae tair prif ran i'r ymennydd

Tair prif ran yr ymennydd yw'r ôl-ymennydd, yr ymennydd canol a'r blaen-ymennydd.

Mae'r ymennydd wedi'i amgylchynu â philenni'r ymennydd – mae yna dair pilen. Llid y pilenni hyn yw meningitis. Mae pedwar fentrigl (gofod) yn yr ymennydd sy'n llawn hylif yr ymennydd. Hylif yr ymennydd sy'n cyflenwi ocsigen a maetholion, er enghraifft glwcos, i niwronau yn yr ymennydd.

Mae'r ôl-ymennydd yn cynnwys y medulla oblongata a'r cerebelwm

ADOLYGU

+ Mae'r medulla oblongata yn ymwneud â rheoli cyfradd curiad y galon, awyru a phwysedd gwaed. Mae'n cynnwys llawer o ganolfannau pwysig y system nerfol awtonomig.
+ Mae'r cerebelwm yn ymwneud â chynnal ymddaliad a chyd-drefnu gweithgarwch cyhyrol gwirfoddol.

Mae'r ymennydd canol yn cynnwys ffibrau nerfol sy'n cysylltu'r blaen-ymennydd â'r ôl-ymennydd.

Mae'r blaen-ymennydd yn cynnwys yr hypothalamws, y thalamws a'r cerebrwm

ADOLYGU

+ Mae'r cerebrwm yn rheoli ymddygiad gwirfoddol, dysgu, rhesymu, personoliaeth a'r cof.
+ Mae'r hypothalamws yn ymwneud â rheoli tymheredd y corff, crynodiad hydoddion yn y gwaed, syched, chwant bwyd a chwsg. Dyma brif ganolfan reoli'r system nerfol awtonomig. Mae hefyd yn cysylltu'r ymennydd â'r systemau endocrinaidd, drwy'r chwarren bitwidol.
+ Mae'r thalamws yn cyfnewid gwybodaeth â'r cortecs cerebrol.

> ### Cysylltiadau
>
> Homeostasis yw'r broses lle mae'r corff yn cynnal amgylchedd mewnol cyson. Mae hyn yn digwydd drwy gyfrwng adborth negatif – er enghraifft, os yw potensial dŵr y gwaed yn gostwng, mae'r hypothalamws yn ysgogi'r chwarren bitwidol ôl i ryddhau ADH, ac yna bydd potensial dŵr y gwaed yn cynyddu.

Mae'r hypothalamws a'r thalamws yn cydgysylltu â rhannau eraill o'r ymennydd, gan gynnwys yr hipocampws. Mae'r hipocampws yn ymwneud â dysgu, rhesymu a phersonoliaeth ac mae hefyd yn casglu atgofion mewn storfa barhaol. Mae'r hypothalamws, y thalamws a'r hipocampws yn ffurfio'r system limbig. Mae'r system limbig yn ymwneud ag emosiwn, dysgu a chof.

Medulla oblongata
Rhan o'r ôl-ymennydd sy'n ganolfan bwysig i gydlynu'r system nerfol awtonomig.

Cerebelwm Rhan o'r ôl-ymennydd sy'n cydlynu prosesau cynnal ymddaliad a gweithgarwch cyhyrol gwirfoddol.

Cerebrwm Y rhan o'r blaen-ymennydd sy'n rheoli ymddygiad rheoledig, dysgu, rhesymu, personoliaeth a'r cof.

Mae Ffigur 16.1 yn dangos adeiledd yr ymennydd dynol.

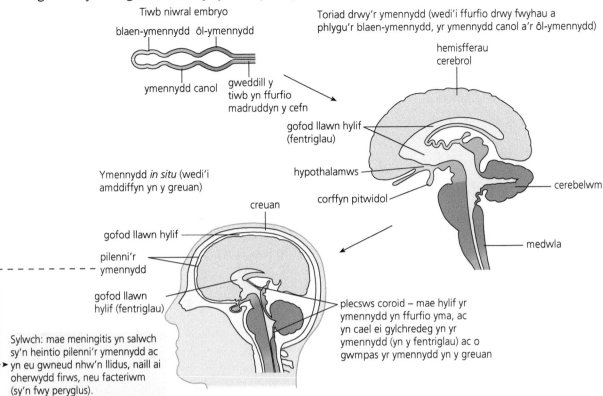

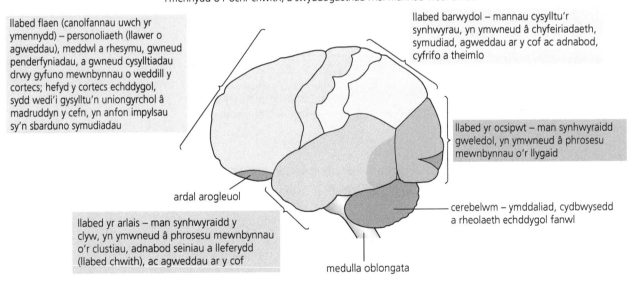

Ffigur 16.1 Adeiledd yr ymennydd dynol

Y system nerfol awtonomig sy'n rheoli prosesau anwirfoddol

Mae'r system nerfol awtonomig yn cynnwys y systemau nerfol sympathetig a pharasympathetig

ADOLYGU

+ Mae'r system nerfol sympathetig yn gyffredinol yn cael effeithiau cyffroadol ar y corff, gan gynnwys cynyddu cyfradd curiad y galon a chyfradd awyru. Mae'r rhan fwyaf o'r niwronau yn y system sympathetig yn rhyddhau noradrenalin fel niwrodrawsyrrydd. Mae noradrenalin yn cael effeithiau tebyg i'r hormon adrenalin ar gelloedd targed.

> **System nerfol sympathetig** Y rhan o'r system nerfol awtonomig sy'n cael effaith gyffroadol.

+ Mae'r system nerfol barasympathetig yn gyffredinol yn cael effaith ataliol ar y corff, gan gynnwys lleihau cyfradd curiad y galon a chyfradd awyru. Mae'r rhan fwyaf o'r niwronau yn y system barasympathetig yn rhyddhau asetylcolin fel niwrodrawsyrrydd.

Mae'r systemau sympathetig a pharasympathetig yn gweithio'n wrthweithiol. Mae signalau gwrthwynebol o'r ddau fath o niwron yn y systemau yn addasu gweithgarwch organ i'r lefel briodol.

Mae'r system nerfol awtonomig hefyd yn rheoli pwysedd gwaed, treuliad a thymheredd.

> **System nerfol barasympathetig**
> Y rhan o'r system nerfol awtonomig sy'n cael effaith ataliol.

Mae'r corpus callosum yn cysylltu dau hemisffer y cerebrwm

Band mawr o ffibrau nerfol o dan y cortecs cerebrol yw'r corpus callosum. Mae'n estyn ar draws llinell ganol yr ymennydd.

Mae gan y cerebrwm haen allanol denau, sef y cortecs cerebrol

ADOLYGU

Mae'r cortecs cerebrol (y freithell) wedi'i wneud o gellgyrff niwronau ac mae llawer o blygion ynddo, sy'n cynyddu'r arwynebedd arwyneb ar gyfer cellgyrff nerfau. Mae presenoldeb mwy o gellgyrff nerfau yn golygu ei fod yn gallu gwneud mwy o synapsau, ac felly mae'n bosibl ymddwyn mewn ffyrdd mwy cymhleth. Y rhan hon sy'n gyfrifol am y rhan fwyaf o feddyliau a gweithredoedd ymwybodol. O dan y cortecs cerebrol mae'r gwynnin, sydd wedi'i wneud o acsonau myelinedig.

> **Cysylltiadau**
>
> Mae myelin yn ynysydd trydanol ac mae'n cyflymu trawsyriant nerfol. Mae'n caniatáu i ddargludiad neidiol ddigwydd, fel mai dim ond yn nodau Ranvier bydd dadbolareiddio'r acson yn digwydd.

Gallwn ni rannu'r cortecs cerebrol yn dair rhan weithredol arwahanol:
+ Mae'r rhannau synhwyraidd yn derbyn impylsau nerfol gan dderbynyddion yn y corff.
+ Mae'r rhannau echddygol yn anfon impylsau nerfol i effeithyddion drwy niwronau echddygol. Mae'r rhannau echddygol yn y ddau hemisffer cerebrol yn nerfogi'r effeithyddion yn ochr arall y corff. Mae hyn oherwydd bod y niwronau echddygol o'r rhannau echddygol yn yr hemisffer yn croesi ei gilydd yn y medulla oblongata.
+ Y rhannau cysylltiol yw'r rhan fwyaf o'r cortecs cerebrol. Maent yn derbyn impylsau o fannau synhwyraidd ac yn cysylltu'r wybodaeth hon â gwybodaeth sydd wedi'i storio cyn hynny o'r cof, gan ein galluogi ni i ddehongli pethau a rhoi ystyr iddyn nhw. Y rhan gysylltiol sydd hefyd yn cychwyn ymatebion priodol, gan drosglwyddo impylsau i'r mannau echddygol perthnasol.

Gallwn ni rannu'r hemisfferau cerebrol yn bedair rhan: y llabed flaen, llabed yr arlais, y llabed barwydol a llabed yr ocsipwt.
+ Mae'r llabed flaen yn ymwneud â rhesymu, cynllunio, rhannau o'r lleferydd, emosiynau a datrys problemau. Mae'r cortecs echddygol yn y llabed flaen yn ymwneud â rheoli symudiad.
+ Mae llabed yr arlais yn ymwneud ag iaith, dysgu a chofio.
+ Mae'r llabed barwydol yn gwneud gwaith corfforol-synhwyraidd ac mae'n ymwneud â blas.
+ Mae llabed yr ocsipwt yn ymwneud â'r golwg.

Gallwch chi wirio eich atebion yma: **www.hoddereducation.co.uk/fynodiadauadolygu**

Mae yna berthynas bositif rhwng cymhlethdod nerfogaeth (cyflenwad nerfau) rhan o'r corff a maint y rhan o'r cerebrwm sy'n gyfrifol amdani. Gallwn ni gynrychioli'r perthnasoedd hyn â'r homwncwlws synhwyraidd a'r homwncwlws echddygol (Ffigur 16.2).

Mae gan rannau mwy sensitif o'r corff, fel y gwefusau, nifer mawr o niwronau synhwyraidd ac felly maen nhw'n cael rhan fwy o'r homwncwlws synhwyraidd. Mae gan rannau o'r corff sy'n gwneud symudiadau manwl, fel y bysedd, nifer mawr o niwronau echddygol ac felly maen nhw'n cael rhan fwy o'r homwncwlws echddygol.

Gweithgaredd adolygu

Crëwch dabl mawr i grynhoi swyddogaethau'r gwahanol rannau o'r cerebrwm, y mannau lleferydd, yr hypothalamws, y thalamws, y medulla oblongata a'r cerebelwm.

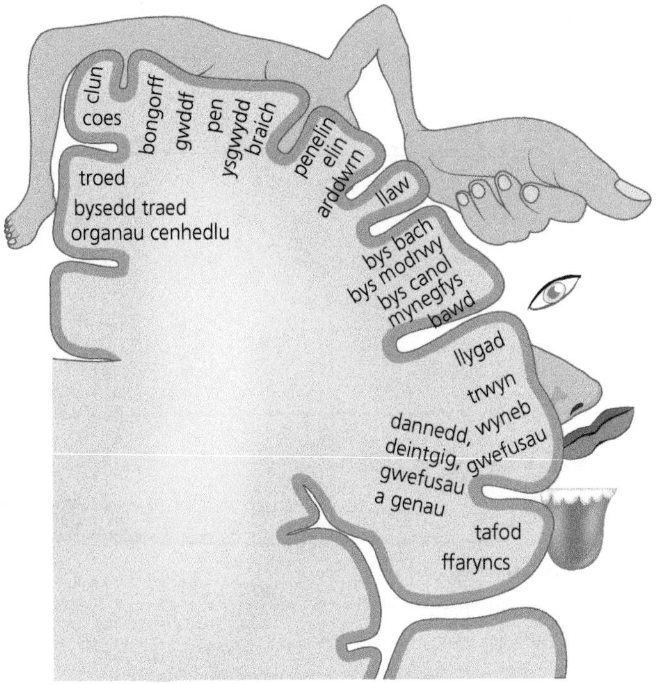

Ffigur 16.2 Yr homwncwlws synhwyraidd

Mae dwy brif ran o'r ymennydd yn ymwneud â'r lleferydd

ADOLYGU

Mae rhan Wernicke (y rhan gysylltiol) a rhan Broca (y rhan echddygol) wedi'u lleoli yn yr hemisffer chwith, ac mae sypyn o ffibrau nerfol, y ffasgell fwaog, yn cysylltu'r ddwy. Mae'r rhannau synhwyraidd, clywedol a gweledol hefyd yn ymwneud â'r lleferydd.

+ Rhan Wernicke sy'n gyfrifol am ddehongli iaith ysgrifenedig a llafar.
+ Mae niwronau echddygol o ran Broca yn nerfogi cyhyrau'r geg, y laryncs, y cyhyrau rhyngasennol a'r llengig i'w galluogi nhw i gynhyrchu seiniau'r llais.

Gallwn ni ddefnyddio technegau sydd ddim yn fewnwthiol i astudio'r ymennydd

Gallwn ni ddefnyddio MRI, CT, PET ac EEG i astudio'r ymennydd

ADOLYGU

Rydyn ni'n defnyddio'r technegau canlynol i astudio'r ymennydd heb lawdriniaeth fewnwthiol.

+ Delweddu cyseiniant magnetig (MRI: *magnetic resonance imaging*) – mae sganwyr MRI yn defnyddio meysydd magnetig a thonnau radio i ffurfio delweddau 3D o organau a meinweoedd meddal. Yn aml, mae delweddau MRI yn rhoi mwy o fanylder na sganiau uwchsain neu CT. Mae delweddu cyseiniant magnetig gweithredol (fMRI: *functional MRI*) yn defnyddio yr un dechnoleg i gynhyrchu delweddau dros amser i ddangos gweithgarwch yr ymennydd.

+ Mae sganwyr tomograffeg gyfrifiadurol (CT: *computed tomography*) yn defnyddio llawer o ddelweddau pelydr-X wedi'u cymryd o wahanol onglau i gynhyrchu delweddau cydraniad uchel o'r ymennydd ac organau mewnol eraill mewn trawstoriad.

+ Tomograffeg allyrru positronau (PET: *positron emission tomography*) – rhoi olinydd ymbelydrol â hanner oes byr yn yr ymennydd. Mae'r olinydd yn allyrru pelydrau gama ac mae'r sganiwr PET yn canfod y rhain, gan ddangos gweithgarwch yr ymennydd.

+ Electroenceffalograffeg (EEG) – rhoi electrodau ar groen y pen i fesur gweithgarwch trydanol yr ymennydd dros amser.

Mae'r ymennydd yn gallu ffurfio cysylltiadau newydd rhwng niwronau

Mae niwroblastigedd yn digwydd drwy gydol bywyd

ADOLYGU

Niwroblastigedd yw gallu'r ymennydd i newid ac addasu drwy ffurfio cysylltiadau newydd rhwng niwronau. Mae niwroblastigedd yn galluogi niwronau yn yr ymennydd i wneud iawn am anafiadau, neu newid ac addasu eu gweithgarwch i ymateb i sefyllfaoedd newydd neu newidiadau i'r amgylchedd.

Mae cysylltiadau'n gallu ffurfio fel ymateb i wybodaeth newydd, ysgogiad synhwyraidd, datblygiad, niwed neu gamweithrediad.

Bydd acsonau heb eu niweidio'n tyfu pennau nerfau newydd i ailgysylltu â niwronau sydd wedi'u niweidio ar ôl niwed i'r ymennydd oherwydd strôc neu anaf. Mae hyn yn golygu bod llwybrau niwral newydd yn gallu ffurfio.

Mae plastigrwydd datblygiadol yn digwydd pan fydd niwronau yn yr ymennydd ifanc yn tyfu canghennau'n gyflym iawn ac yn ffurfio synapsau. Wrth i'r ymennydd brosesu gwybodaeth synhwyraidd, bydd rhai o'r synapsau hyn yn cryfhau ac eraill yn gwanhau. Mae rhai synapsau sydd heb eu defnyddio'n cael eu dileu yn llwyr (tocio synaptig), gan adael rhwydweithiau effeithlon o gysylltiadau niwral. Mewn bodau dynol, mae nifer y synapsau'n cynyddu'n gyflym iawn yn ystod babandod fel ymateb i ysgogiadau synhwyraidd, cyn lleihau yn ystod llencyndod i'r rhai sydd wedi'u cryfhau gan y profiadau synhwyraidd priodol, i wneud cysylltiadau niwral yn fwy effeithlon.

Gallwn ni weld yr effaith hon mewn datblygiad iaith:

+ Mae'r rhan fwyaf o fabanod yn dechrau cynhyrchu synau tebyg i siarad yn tua 7 mis oed.

+ Mae babanod byddar o'u geni yn dangos diffygion yn eu lleisiadau cynnar, ac mae'r unigolion hyn yn methu â datblygu iaith os nad ydyn nhw'n cael ffordd arall o fynegi eu hunain yn symbolaidd, fel iaith arwyddion.

+ Dydy plant sydd wedi'u magu heb ddim iaith o gwbl byth yn dysgu i gyfathrebu'n well na lefel sylfaenol, er gwaethaf hyfforddiant dwys yn ddiweddarach.

> **Niwroblastigedd** Gallu'r ymennydd i newid ac addasu drwy ffurfio cysylltiadau newydd rhwng niwronau.

Cysylltiadau

> Bylchau bach rhwng niwronau yw synapsau. Mae'r signal trydanol yn troi'n signal cemegol wrth i niwrodrawsyryddion (e.e. asetylcolin) gael eu rhyddhau drwy gyfrwng ecsocytosis a thryledu ar draws y synaps, gan rwymo wrth dderbynyddion a sbarduno dadbolareiddio'r bilen ôl-synaptig.

Mae mynegiad genynnau'n gallu effeithio ar ddatblygiad yr ymennydd

Mae newidiadau epigenynnol yn ymwneud â chlefydau'r ymennydd

ADOLYGU

Mae newidiadau epigenynnol sy'n newid mynegiad genynnau hefyd yn ymwneud â chlefydau'r ymennydd fel salwch meddwl a chaethiwed.

Gallai newid mynegiad genynnau mewn plentyndod olygu bod oedolion yn wynebu risg uwch o salwch meddwl. Gallwn ni weld hyn yn y ffaith bod oedolion a gafodd eu cam-drin fel plant yn fwy tebygol o ddioddef iselder difrifol, sgitsoffrenia, anhwylderau bwyta, anhwylderau personoliaeth, anhwylder deubegwn a gorbryder cyffredinol fel oedolion. Maen nhw hefyd yn fwy tebygol o ddioddef o gaethiwed i gyffuriau neu alcohol.

Un esboniad yw bod profiadau plentyndod cynnar yn newid agweddau ffisegol ar yr ymennydd yn ystod cyfnod datblygiadol allweddol. Gallai hyn arwain at effeithiau epigenynnol sy'n newid mynegiad genynnau yn yr ymennydd, a golygu bod oedolion yn wynebu risg uwch o salwch meddwl.

Hormon sy'n cael ei gynhyrchu gan y chwarennau adrenal fel ymateb i straen yw cortisol. Y mwyaf o straen mae unigolyn yn ei deimlo, y mwyaf o gortisol mae'n ei gynhyrchu. Mae gan oedolion sydd wedi cael eu cam-drin neu eu hesgeuluso fel plant grynodiadau cortisol cyfartalog uwch na'r boblogaeth gyffredinol, ac felly lefel uwch o straen cefndir. Gallai hyn gynyddu eu risg o ddatblygu salwch meddwl.

Mae system adborth negatif yn rheoli cynhyrchu cortisol, felly mae rhyddhau cortisol i lif y gwaed yn arwain at gynhyrchu llai o gortisol. Mae hyn yn ein hatal ni rhag teimlo gormod o straen yn gyson.

Fel ymateb i straen, mae'r hipocampws yn anfon impylsau i'r hypothalamws, sy'n rhyddhau dau hormon, hormon rhyddhau corticotroffin a fasobwysydd arginin.

Mae'r hormonau hyn yn ysgogi'r chwarren bitwidol i ryddhau'r hormon adrenocorticotroffin i'r gwaed. Pan mae celloedd y chwarennau adrenal yn derbyn yr hormon hwn, maen nhw'n rhyddhau cortisol i'r gwaed.

Mae cortisol yn rhwymo wrth dderbynyddion glwcocortisoid yn yr hipocampws, sydd yna'n anfon impylsau nerfol i'r hypothalamws, sy'n atal rhyddhau hormon rhyddhau corticotroffin a fasobwysydd arginin.

Mae rhai astudiaethau wedi dangos bod crynodiad hormon rhyddhau corticotroffin yn uwch mewn unigolion a oedd wedi cael eu cam-drin yn ystod plentyndod nag mewn unigolion eraill, a bod hyn yn tarfu ar y mecanwaith adborth negatif ac yn arwain at lefelau cortisol uwch yn gyson a lefelau straen cefndir uwch.

Cysylltiadau

Epigeneteg yw astudio sut mae ffactorau heblaw newidiadau i'r dilyniant DNA yn rheoli mynegiad genynnau. Mae methylu DNA ac asetyleiddio histonau yn ddau fath o addasiad epigenynnol sy'n gallu newid mynegiad genyn.

Cyngor

Mae adborth negatif yn golygu bod newid i amodau'r system yn arwain at ymateb sy'n gwrthweithio'r newid, gan ddychwelyd amodau'r system i'w pwynt gosod.

Profi eich hun

PROFI

1. Rhowch bedair enghraifft o dechnegau, heblaw llawdriniaeth, y gallwn ni eu defnyddio i astudio'r ymennydd.
2. Beth yw pedair llabed yr hemisffer cerebrol?
3. Beth sy'n cael ei reoli gan y medulla oblongata?
4. Esboniwch y gwahaniaeth rhwng y system nerfol barasympathetig a'r system nerfol sympathetig.

Mae ymddygiad cynhenid yn ymddygiad cymhleth greddfol (ddim wedi'i ddysgu)

Mae atgyrchau, tacsisau a chinesisau yn enghreifftiau o ymddygiadau cynhenid

ADOLYGU

Cysylltiadau

Mewn gweithred atgyrch mae'r ysgogiad (e.e. cyffwrdd ag arwyneb poeth) yn cael ei ganfod gan dderbynnydd. Caiff potensial gweithredu ei drawsyrru ar hyd niwron synhwyraidd, yna i niwron relái ym madruddyn y cefn, ac yna i niwron echddygol, sy'n cysylltu ag effeithydd. Yna, mae'r effeithydd yn gwneud yr ymateb – er enghraifft, y cyhyryn yw'r effeithydd ac mae'n symud y llaw oddi wrth yr arwyneb poeth.

+ Atgyrch – ymateb cyflym, awtomatig i ysgogiad, sy'n gwella siawns organeb o oroesi.
+ Cinesis – ymddygiad cyfeiriadol lle mae'r organeb gyfan yn symud yn gyflymach ac yn newid cyfeiriad yn amlach fel ymateb i ysgogiad. Mae cinesisau yn fwy cymhleth nag ymatebion atgyrch, ond does gan yr ymateb ddim cyfeiriad oherwydd dydy'r organeb ddim yn symud tuag at yr ysgogiad nac oddi wrtho. Er enghraifft, bydd pryfed lludw'n symud yn gyflymach ac yn troi mwy mewn amgylchedd sych nag mewn amgylchedd llaith.
+ Tacsis – mae'r organeb gyfan yn symud fel ymateb i ysgogiad. Mae perthynas rhwng cyfeiriad y symud a chyfeiriad yr ysgogiad – er enghraifft, bydd pryfed lludw'n symud oddi wrth ffynhonnell golau.

Cinesis Ymddygiad lle mae organeb yn symud yn gyflymach ac yn newid cyfeiriad fel ymateb i ysgogiad; does dim cyfeiriad i'r ymateb.

Tacsis Ymddygiad lle mae organeb yn symud fel ymateb i ysgogiad, ac mae'r cyfeiriad yn dibynnu ar gyfeiriad yr ysgogiad.

Profiadau yn y gorffennol sy'n gyfrifol am ymddygiad wedi'i ddysgu

Mae ymddygiad wedi'i ddysgu yn gymharol barhaol.

Mae ymddygiad wedi'i ddysgu'n gallu deillio o nifer o ffynonellau

ADOLYGU

+ Cynefino – mae organeb yn lleihau ei hymateb neu'n peidio ag ymateb i ysgogiad ar ôl i'r ysgogiad ddigwydd lawer gwaith heb ddim cosb na gwobr.
+ Imprintio – dysgu cyflym iawn sy'n digwydd yn ifanc iawn neu mewn cyfnod bywyd cynnar penodol ar adegau critigol o ddatblygiad yr ymennydd mewn adar a mamolion bach. Mae adar ifanc, a rhai mamolion ifanc, yn ymateb i'r gwrthrych mawr symudol cyntaf maen nhw'n ei weld/arogli/cyffwrdd/clywed ac yn cydio ynddo. Mae'r ymlyniad yn cryfhau wrth iddyn nhw gael eu gwobrwyo, er enghraifft â chynhesrwydd a bwyd. Cafodd hyn ei ddangos yn arbrofion Konrad Lorenz.
+ Cyflyru clasurol – cysylltu ysgogiad naturiol ac ysgogiad artiffisial i gynhyrchu'r un ymateb. Cafodd hyn ei ddangos yn arbrofion Pavlov.
+ Cyflyru gweithredol – ffurfio cysylltiad rhwng ymddygiad penodol a gwobr neu gosb (atgyfnerthydd). Cafodd hyn ei ddangos yn arbrofion B. F. Skinner.
+ Dysgu cudd (archwiliadol) – mae anifeiliaid yn archwilio amgylchoedd newydd ac yn dysgu gwybodaeth. Dydy'r dysgu hwn ddim yn cael ei wneud i fodloni angen nac i gael gwobr.

Gallwch chi wirio eich atebion yma: **www.hoddereducation.co.uk/fynodiadauadolygu**

+ Dysgu mewnweledol – mae hwn yn seiliedig ar wybodaeth sydd wedi'i dysgu o'r blaen mewn gweithgareddau ymddygiadol eraill ac nid yw'n dod o ddysgu mentro-a-methu (*trial-and-error*) uniongyrchol. Cafodd hyn ei ddangos yn arbrofion Kohler.

+ Dynwared – math o ddysgu cymdeithasol sy'n golygu copïo ymddygiad anifail arall (fel rheol, aelod o'r un rhywogaeth). Mae hyn yn golygu bod patrymau ymddygiad wedi'u dysgu yn gallu lledaenu'n gyflym rhwng unigolion a chael eu trosglwyddo o genhedlaeth i genhedlaeth. Mae'n bosibl y bydd yr un rhywogaethau yn dynwared gwahanol batrymau ymddygiad mewn gwahanol ardaloedd – er enghraifft, mae rhai poblogaethau tsimpansïaid yn defnyddio cerrig i dorri cnau, a phoblogaethau eraill yn defnyddio ffyn neu ganghennau.

Mae cyflyru clasurol a gweithredol yn ymddygiadau cysylltiadol, oherwydd mae organebau'n cysylltu un math o ysgogiad ag ymateb neu weithred benodol.

Mae ymddygiadau cymdeithasol yn cynnwys rhyngweithiadau rhwng unigolion o'r un rhywogaeth

Mae ymddygiadau cymdeithasol yn aml yn ymddangos mewn grwpiau cymdeithasol â llawer o strwythur (cymdeithasau). Mae ymddygiad un unigolyn yn gallu dylanwadu ar ymddygiad rhai eraill yn y grŵp.

Mae angen cyfathrebu i ymddwyn yn gymdeithasol

ADOLYGU

Mae un unigolyn yn cynhyrchu signal (ysgogiad arwydd) sy'n gallu cael ei ganfod gan unigolyn arall. Efallai y bydd y signal yn sbarduno ymateb cynhenid gan yr ail unigolyn. Rydyn ni'n aml yn galw ymddygiadau cymdeithasol yn ymddygiadau stereoteip neu'n batrymau gweithred sefydlog (FAP: *fixed action pattern*). Mae'r ysgogiad arwydd yn actifadu llwybrau nerfol, sy'n achosi symudiadau cyd-drefnol heb i'r ymennydd wneud unrhyw benderfyniadau. Mae llawer o wahanol ddulliau o gynhyrchu a chanfod signal – er enghraifft, mae ymateb begera cyw gwylan yn cael ei sbarduno gan y smotyn coch ar big y rhiant.

Mae ymateb yr unigolyn yn gallu dibynnu ar ei gyflwr cymhelliant. Er enghraifft, os yw llewpart hela'n llwglyd (cyflwr cymhelliant) bydd yn dechrau ymddygiad stelcian wrth weld ysglyfaeth (ysgogiad arwydd). Os nad yw'r llewpart hela'n llwglyd, bydd ei gyflwr cymhelliant yn wahanol, felly fydd gweld ysglyfaeth ddim yn peri ymddygiad stelcian.

Mae ymddygiadau stereoteip sy'n cynnwys FAPs yn gallu cael eu haddasu gan brofiad, ac maen nhw'n fwy cymhleth na gweithredoedd atgyrch syml. Fe wnaeth Tinbergen gynnal arbrofion yn y maes hwn.

Mae morgrug, gwenyn a thermitiaid yn enghreifftiau o bryfed cymdeithasol sy'n byw mewn cytrefi

ADOLYGU

Mae cytrefi pryfed cymdeithasol yn cynnwys miloedd o unigolion sy'n perthyn yn agos i'w gilydd, wedi'u rhannu'n wahanol grwpiau (castiau) â rolau penodol.

123

Mae'r castiau mewn cytref o wenyn mêl yn cynnwys:

+ un frenhines – benyw ffrwythlon
+ miloedd o weithwyr – benywod anffrwythlon
+ cannoedd o wenyn segur – gwrywod ffrwythlon

Mae rhannu llafur rhwng y castiau (un i ddod o hyd i fwyd, un arall i amddiffyn y gytref ac ati) yn gwella effeithlonrwydd y gytref. Yr effeithlonrwydd hwn sydd wedi arwain at lwyddiant cymdeithasau o bryfed.

Mae cyfathrebu'n digwydd rhwng unigolion mewn cytref mewn nifer o ffyrdd

Mae pryfed cymdeithasol yn cyfathrebu â'i gilydd drwy gyffwrdd, defnyddio fferomonau a gwneud arddangosiadau gweledol i ddangos cyfeiriad (dawnsiau).

Mae gwenyn sy'n weithwyr yn dawnsio. Mae'r gweithwyr mewn cytref o wenyn yn fforio am ffynonellau neithdar. Maen nhw'n gallu cyfathrebu am bellter a chyfeiriad y ffynhonnell i weithwyr eraill drwy berfformio dawns ar arwyneb fertigol yn y cwch gwenyn neu ar y llawr ym mynedfa'r cwch.

+ Os yw'r ffynhonnell fwyd lai na 70 metr oddi wrth y cwch gwenyn, mae'r gweithiwr yn gwneud dawns grwn. Dydy'r ddawns grwn ddim yn dynodi cyfeiriad.
+ Os yw'r ffynhonnell fwyd dros 70 metr i ffwrdd, mae'r gweithiwr yn gwneud dawns siglo. Mae hon yn cyfathrebu ynglŷn â phellter y ffynhonnell fwyd o'r cwch gwenyn a'i chyfeiriad mewn perthynas â safle'r haul.

Mae gan lawer o fertebratau strwythurau cymdeithasol â hierarchaeth trechedd

ADOLYGU

Mewn cymdeithasau fertebratau, mae unigolion â statws uwch yn dominyddu dros unigolion â statws is.

Mae'r rhan fwyaf o hierarchaethau trechedd yn llinol ac felly does dim aelodau sy'n gyfartal â'i gilydd, er enghraifft ieir mewn cwt ieir. Er mwyn i hierarchaeth trechedd ffurfio, mae'n rhaid i'r organebau yn y grŵp allu eu hadnabod ei gilydd fel unigolion a bod â rhywfaint o allu i ddysgu.

Mae hierarchaethau trechedd yn lleihau'r ymosodedd unigol sy'n gysylltiedig â bwydo, dewis cymar a dewis safle bridio. Caiff adnoddau eu rhannu fel bod y cymhwysaf yn goroesi.

Mae hierarchaethau trechedd yn gymharol sefydlog ar ôl cael eu sefydlu. Mae'r hierarchaeth yn cael ei chynnal gan ymddygiad ymosodol mewn cyfres o weithredoedd defodol (mae ysgogiad arwydd y weithred ddiwethaf yn ysgogi atgyrch). Dewis olaf yw ymladd fel rheol. Mae ymddygiad rhidio ceirw coch yn enghraifft o hyn.

Mae anifeiliaid yn ymddwyn mewn ffyrdd penodol i ddenu cymar

ADOLYGU

Mae ymddygiadau denu cymar yn gallu dangos 'cymhwysedd' – bydd anifeiliaid ag alelau manteisiol yn gallu gwneud arddangosiadau cywrain i ddenu cymar. Mae ymddygiadau denu cymar hefyd yn caniatáu adnabod rhywogaethau, rhyw, aeddfedrwydd rhywiol a hefyd ysgogiad a chydamseru ymddygiad rhywiol.

Mae arferion denu cymar yn gynhenid, ac felly maen nhw'n sicrhau bod paru mewnrywogaethol yn digwydd. Mae hyn yn golygu bod paru yn fwy tebygol o gynhyrchu epil ffrwythlon. Mae'r grothell yn enghraifft o organeb sy'n rhoi ymddygiad denu cymar ar waith i sicrhau bod paru mewnrywogaethol yn digwydd.

Mae llawer o rywogaethau'n dangos dwyffurfedd rhywiol – y gwrywod yn edrych yn wahanol i'r benywod (e.e. peunod a pheunesau).

Mae dwy brif ddamcaniaeth ynglŷn â'r mecanwaith y tu ôl i ddethol cymar o'r rhyw arall (dethol rhywiol):

+ Dethol mewnrywiol – mae gwrywod sy'n fwy na'r benywod yn ymladd yn erbyn gwrywod eraill i gael cyfathrach rywiol â'r benywod. Felly, mae dethol rhywiol yn ffafrio esblygiad gwrywod sy'n fwy o faint ac yn fwy ymosodol. Mae ymladd rhwng gwrywod fel hyn yn digwydd ymysg llewod Affrica ac eliffantod môr y de.
+ Dethol rhyngrywiol – benywod yn dewis gwryw i baru ag ef. Dewis y fenyw yw hyn a gellir ei ddatblygu ymhellach i'r model atyniad corfforol a'r model anfanteisio'r gwryw.

Profi eich hun

PROFI ○

5 Esboniwch y gwahaniaeth rhwng tacsis a chinesis.
6 Esboniwch y gwahaniaeth rhwng cyflyru clasurol a chyflyru gweithredol.
7 Beth yw dethol mewnrywiol?
8 Beth yw hierarchaeth trechedd?

Crynodeb

Dylech chi allu:
+ Disgrifio adeiledd yr ymennydd dynol ac esbonio prif swyddogaethau'r cerebrwm, yr hypothalamws, y cerebelwm a'r medulla oblongata.
+ Esbonio swyddogaethau'r systemau nerfol sympathetig a pharasympathetig a'r hypothalamws fel y cyswllt rhwng y system nerfol a rheoleiddio endocrinaidd.
+ Disgrifio swyddogaeth mannau synhwyraidd a mannau echddygol y cortecs.
+ Disgrifio'r berthynas rhwng maint a nerfogaeth mewn gwahanol rannau o'r cerebrwm, a swyddogaeth y cerebrwm o ran deall iaith a lleferydd.

+ Disgrifio sut rydyn ni'n defnyddio fMRI, CT, PET ac EEG i astudio'r ymennydd.
+ Esbonio sut mae'r ymennydd yn datblygu, gan gynnwys niwroblastigedd.
+ Esbonio sut mae mynegiad genynnau'n gallu effeithio ar ddatblygiad yr ymennydd.
+ Esbonio'r gwahaniaethau rhwng ymddygiad cynhenid ac ymddygiad wedi'i ddysgu.
+ Disgrifio manteision ac anfanteision byw mewn grwpiau cymdeithasol, gan gynnwys ymddygiadau primatiaid mewn cymdeithasau cymhleth a strwythurau cymdeithasol rhai pryfed.

Cwestiynau enghreifftiol

1 Mae gwyddonydd yn astudio ymddygiad gwenyn. Mae'n arsylwi'r gwenyn yn gwneud dawns grwn ym mynedfa'r cwch gwenyn.
   a Nodwch pa fath o wenynen oedd yn gwneud y ddawns hon. [1]

   Mae'r gwyddonydd yn sylwi bod y symudiad hwn yn debyg i symudiad pryfed lludw mewn mannau sych.

   b Awgrymwch sut mae ymddygiadau'r gwenyn a'r pryfed lludw yn debyg ac yn wahanol i'w gilydd. [4]

   Roedd y gwenyn yn symud fel hyn fel ymateb i archwilio ardal newydd, ac roedd nifer o wenyn yn symud mewn ffordd debyg. Casgliad y gwyddonydd oedd bod ymddygiad y gwenyn yn enghreifftiau o ddynwared a dysgu cudd.

   c Gwerthuswch y casgliad hwn. [4]

Term	Diffiniad	Tudalen(nau)
Adamsugniad detholus	Adamsugno rhai moleciwlau ac ïonau o'r hidlif i'r gwaed	48
Adwaith acrosom	Adwaith sy'n digwydd wrth i'r sberm ddod i gysylltiad â haen allanol yr oocyt; mae pilen yr acrosom yn rhwygo ac yn rhyddhau ensymau hydrolas	64
Adwaith cadwynol polymeras	Proses sy'n cynhyrchu biliynau o gopïau o ddarn o DNA	94
Addasu histonau	Mae pa mor dynn mae'r DNA yn torchi o gwmpas proteinau histon yn effeithio ar fynegiad genynnau	82
Agar	Cyfrwng maetholion tebyg i jeli, sydd wedi'i wneud o algâu	29
Allfudo	Organebau yn gadael poblogaeth yn barhaol	32
Amniocentesis	Samplu'r hylif amniotig, i roi diagnosis cyn geni	93
Amrywiad amharhaus	Amrywiad categorïaidd, fel grwpiau gwaed	83
Amrywiad parhaus	Amrywiad rydyn ni'n gallu ei fesur ar raddfa barhaus, fel taldra	83
Asid lactig	Un o gynhyrchion resbiradaeth anaerobig mewn celloedd anifeiliaid	110
ATP synthas	Ensym sy'n syntheseiddio ATP o ADP + Pi	9
Bacterioleiddiol	Gwrthfiotig sy'n lladd bacteria yn uniongyrchol	102
Bacteriostatig	Gwrthfiotig sy'n atal bacteria rhag lluosogi; dydy'r haint ddim yn lledaenu ac mae system imiwnedd yr organeb letyol yn lladd y bacteria	102
Blastocyst	Pêl wag o gelloedd sy'n ffurfio o fitosis y sygot	64
Bôn-gelloedd	Celloedd diwahaniaeth sy'n gallu rhannu i ffurfio gwahanol fathau o gelloedd	99
Celloedd condrocyt	Celloedd sy'n cynhyrchu matrics cartilag	107
Celloedd lluosbotensial	Celloedd sy'n gallu rhannu i ffurfio'r rhan fwyaf o fathau o gelloedd mewn organeb	99
Celloedd Sertoli	Celloedd arbenigol sy'n darparu maetholion i'r sbermatosoa ac yn eu hamddiffyn nhw rhag system imiwnedd y gwryw	63
Cemiosmosis	Symudiad ïonau ar draws pilen ledathraidd i lawr graddiant electrocemegol	9
Cerebelwm	Rhan o'r ôl-ymennydd sy'n cydlynu prosesau cynnal ymddaliad a gweithgarwch cyhyrol gwirfoddol	116
Cerebrwm	Y rhan o'r blaen-ymennydd sy'n rheoli ymddygiad gwirfoddol, dysgu, rhesymu, personoliaeth a'r cof	116
Cinesis	Ymddygiad lle mae organeb yn symud yn gyflymach ac yn newid cyfeiriad fel ymateb i ysgogiad; does dim cyfeiriad i'r ymateb	122
Clefyd awtoimiwn	Cyflwr sy'n cael ei achosi gan y system imiwnedd yn ymosod ar y corff	113
Clympio	Dwy neu fwy o gytrefi sy'n tyfu ar blât agar yn uno â'i gilydd	29
Corion	Haen allanol y blastocyst, sy'n datblygu filysau corionig	64
Corpus luteum	Y 'corff melyn' sy'n ffurfio o ffoligl Graaf ar ôl ofwliad	65
Creatin ffosffad	Moleciwl sy'n cael ei ddefnyddio i storio ffosffad yn y cyhyrau	110
Croesiad profi	Croesiad rydyn ni'n ei ddefnyddio i ganfod ydy rhiant yn homosygaidd trechol neu'n heterosygaidd ar gyfer alel	75
Cyd-drechedd	Y ddau alel trechol yn cael eu mynegi yn y ffenoteip	77
Cydensym	Cyfansoddyn organig, sydd ddim yn brotein, ac sy'n rhwymo wrth ensym i gatalyddu adwaith. Mae NAD ac FAD yn enghreifftiau o gydensymau sy'n cael eu defnyddio yn ystod resbiradaeth	19
Cyfanswm genynnol	Yr holl alelau sy'n bresennol mewn poblogaeth	86
Cyffur seicoweithredol	Cemegyn sy'n newid y ffordd mae'r system nerfol yn gweithio, er enghraifft, gan achosi newidiadau i hwyliau ac ymddygiad	60
Cymal synofaidd	Cymal rhwng esgyrn sy'n cynnwys ceudod llawn hylif	114
Cymdogaeth	Poblogaeth leol sy'n rhannu cyfanswm genynnol ar wahân ac sy'n rhyngfridio	90

Gallwch chi wirio eich atebion yma: **www.hoddereducation.co.uk/fynodiadauadolygu**

Term	Diffiniad	Tudalen(nau)
Dargludiad neidiol	Lledaeniad potensialau gweithredu o un nod Ranvier i'r nesaf ar hyd acson myelinedig	58
Dethol naturiol	Dethol oherwydd pwysau amgylcheddol; mae'r organebau sydd wedi addasu orau yn goroesi ac yn atgenhedlu	84
DNA ailgyfunol	DNA sy'n tarddu o fwy nag un organeb	95
Dystroffi cyhyrol Duchenne	Cyflwr genynnol sy'n arwain at gyhyrau gwan	78
Ecsin	Haen allanol wydn gronyn paill	70
Egino	Dechrau tyfu ar ôl cyfnod o gysgiad	72
Electrofforesis	Techneg i wahanu moleciwlau DNA yn ôl maint y darnau	94
Endosberm	Storfa maetholion mewn hadau endosbermig	71
Ensym cyfyngu	Ensym sy'n torri DNA ar ddilyniant basau penodol	94
Etifeddiad deugroesryw	Etifeddiad dau enyn wedi'u cludo ar wahanol gromosomau, a phob un â dau alel yr un	76
Etifeddiad monocroesryw	Etifeddiad sy'n cynnwys pâr o nodweddion cyferbyniol	74
Ffactor cyfyngol	Ffactor sy'n cyfyngu ar gyfradd adwaith	17
Ffactor dwysedd-annibynnol	Ffactor sy'n cael yr un effaith beth bynnag yw maint y boblogaeth	33
Ffactor dwysedd-ddibynnol	Ffactor sy'n cael mwy o effaith wrth i faint y boblogaeth gynyddu	33
Ffermio pysgod	Magu pysgod yn fasnachol mewn mannau caeedig, fel pyllau a chewyll arnofiol	43
Ffoligl Graaf	Ffoligl aeddfed y mae'r oocyt eilaidd yn cael ei ryddhau ohono; dyma broses ofwliad	63
Ffotoffosfforyleiddiad	Ffosfforyleiddiad ADP i ATP gan ddefnyddio golau fel ffynhonnell egni	14
Ffrwythloniad dwbl	Un cnewyllyn gwrywol haploid yn asio â'r cnewyllyn benywol haploid i ffurfio sygot, a'r cnewyllyn gwrywol haploid arall yn asio â'r cnewyllyn pegynol haploid i ffurfio'r gell endosberm triploid	71
Ffurfiant rhywogaethau alopatrig	Ffurfiant rhywogaethau sydd wedi'i achosi gan arunigo daearyddol	89
Ffurfiant rhywogaethau sympatrig	Ffurfiant rhywogaethau sy'n digwydd heb arunigo daearyddol	89
Gallueiddio	Proses fiocemegol lle mae'r bilen o gwmpas acrosom y sberm yn mynd yn fwy athraidd i baratoi ar gyfer ffrwythloniad	64
Gametogenesis	Cynhyrchu gametau	62
Genom dynol	Dilyniant asidau niwclëig cyflawn bodau dynol	92
Giberelin	Hormon planhigol sy'n ysgogi proses egino	72
Gwahaniaethu	Troi'n gelloedd arbenigol	99
Gwrthfiotig sbectrwm cul	Gwrthfiotig sy'n gweithio yn erbyn amrywiaeth gul o facteria pathogenaidd	102
Gwrthfiotig sbectrwm llydan	Gwrthfiotig sy'n effeithiol yn erbyn llawer o wahanol facteria pathogenaidd	102
Haemoffilia	Cyflwr genynnol sy'n arwain at waed yn methu tolchennu	78
hCG	Gonadotroffin corionig dynol (*human chorionic gonadotropin*), hormon sy'n cael ei gynhyrchu gan yr embryo sy'n cynnal y corpus luteum	65
Homeostasis	Cynnal amgylchedd mewnol cyson	45
Hunanbeilliad	Peillio yr un blodyn neu flodyn arall ar yr un planhigyn	69
Hylif synofaidd	Yr hylif sy'n llenwi ceudod cymal synofaidd	114
Intin	Haen fewnol gronyn paill	70
Lymffocyt	Agranwlocyt, cell wen y gwaed sy'n cael ei chynhyrchu o fôn-gelloedd sy'n ffurfio rhan o'r ymateb imiwn	103

Term	Diffiniad	Tudalen(nau)
Mamgell megasbor	Cell ddiploid sy'n cyflawni meiosis mewn ofwlau	70
Medulla oblongata	Rhan o'r ôl-ymennydd sy'n ganolfan bwysig i gydlynu'r system nerfol awtonomig	116
Methylu DNA	Ychwanegu grwpiau methyl at DNA, sy'n lleihau mynegiad genynnau	82
Mewn perygl	Rhywogaeth sy'n wynebu risg o ddifodiant	41
Mewnfudo	Organebau yn symud i mewn i boblogaeth yn barhaol	32
Mwtagen	Ffactor sy'n cynyddu'r siawns y bydd mwtaniad yn digwydd	82
Myoffibrolion	Ffilamentau hir sy'n gwneud ffibrau cyhyrol	108
Nerfrwyd	Rhwydwaith gwasgaredig o nerfgelloedd sy'n trawsyrru impylsau i bob cyfeiriad o bwynt yr ysgogiad	55
Niwroblastigedd	Gallu'r ymennydd i newid ac addasu drwy ffurfio cysylltiadau newydd rhwng niwronau	120
Ocsidio	Colli electronau	14
Ocsitosin	Hormon sy'n cael ei ryddhau gan y chwarren bitwidol flaen sy'n ysgogi mur y groth i gyfangu	66
Oogenesis	Cynhyrchu oocytau eilaidd	62
Organ ymwthiol	Organ allanol gwrywol arbenigol sy'n cyflenwi sberm	61
Osteoblast	Cell sy'n syntheseiddio asgwrn	107
Osteoclast	Cell asgwrn sy'n torri meinwe asgwrn i lawr	107
Osteogenesis imperfecta	Clefyd esgyrn brau – cyflwr sy'n golygu bod esgyrn yn torri'n hawdd	112
Pathogenedd	Gallu microb i achosi clefyd	101
Pigmentau ffotosynthetig	Moleciwlau sy'n amsugno egni golau i'w ddefnyddio mewn ffotosynthesis	11
Pwysau dethol	Ffactor amgylcheddol sy'n rhoi mantais i rai ffenoteipiau	86
Rhydwytho	Ennill electronau	14
Sarcomer	Uned o ffilamentau trwchus a thenau sy'n ailadrodd mewn myoffibrolyn	108
Sbermatogenesis	Cynhyrchu sbermatosoa	61
Sgerbwd atodol	Yr esgyrn yn y breichiau a'r coesau a'r rhai sy'n eu cynnal nhw, fel yr ysgwyddau a'r pelfis	111
Sgerbwd echelinol	Esgyrn y pen a'r bongorff (e.e. fertebrâu)	111
Sgoliosis	Yr asgwrn cefn yn crymu i'r ochr	112
Sygot	Cell ddiploid sy'n ffurfio drwy asio'r sbermatosoon haploid a'r ofwm haploid	63
Symudiad genynnol	Newidiadau i amlderau alel oherwydd siawns	88
System nerfol barasympathetig	Y rhan o'r system nerfol awtonomig sy'n cael effaith ataliol	118
System nerfol sympathetig	Y rhan o'r system nerfol awtonomig sy'n cael effaith gyffroadol	117
Tacsis	Ymddygiad lle mae organeb yn symud fel ymateb i ysgogiad, ac mae'r cyfeiriad yn dibynnu ar gyfeiriad yr ysgogiad	122
Tapetwm	Meinwe yn yr anther sy'n darparu maetholion a moleciwlau signalu i'r gronynnau paill sy'n datblygu	70
Technegau aseptig	Gweithdrefnau rydyn ni'n eu defnyddio i atal halogiad	28
Trawsbeilliad	Peillio blodyn ar blanhigyn arall	69
Trawsgrifiad gwrthdro	Cynhyrchu cDNA o dempled mRNA	95
Trechedd anghyflawn	Y ffenoteip heterosygaidd yn wahanol i ffenoteipiau'r genoteipiau homosygaidd, ac yn aml yn rhyngol	77
Tripled DNA	Tri bas DNA (codon) sy'n codio ar gyfer asid amino	80
Uwch-hidlo	Hidlo dan wasgedd, sy'n digwydd o'r capilarïau glomerwlaidd i mewn i gwpan Bowman	47
Ymagor	Yr anther yn hollti ar hyd llinell wendid er mwyn rhyddhau paill	70

Gallwch chi wirio eich atebion yma: **www.hoddereducation.co.uk/fynodiadauadolygu**